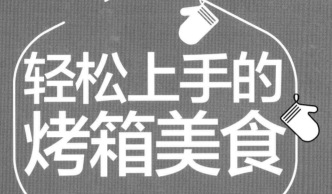

# 轻松上手的
# 烤箱美食

U0274942

甘智荣　主编

中国轻工业出版社

## 图书在版编目（CIP）数据

轻松上手的烤箱美食/ 甘智荣主编. --北京:中国轻工业出版社,2018.10

ISBN 978-7-5184-1316-4

Ⅰ.①轻… Ⅱ.①甘… Ⅲ.①电烤箱－菜谱 Ⅳ.①TS972.129.2

中国版本图书馆CIP数据核字(2017)第033414号

责任编辑：卢　晶

策划编辑：龙志丹　　　　责任终审：张乃东　　封面设计：王超男
整体设计：深圳金版文化　责任校对：燕　杰　责任监印：张京华

出版发行：中国轻工业出版社（北京东长安街6号，邮编：100740）
印　　刷：北京瑞禾彩色印刷有限公司
经　　销：各地新华书店
版　　次：2018年10月第1版第5次印刷
开　　本：720×1000　1/16　印张：12
字　　数：250千字
书　　号：ISBN 978-7-5184-1316-4　定价：39.80元
邮购电话：010-65241695
发行电话：010-85119835　　　　　传真：010-85113293
网　　址：http://www.chlip.com.cn
Email:club@chlip.com.cn
如发现图书残缺请与我社邮购联系调换
181152S1C105ZBW

# PREFACE 前言

小时候，烤红薯、烤土豆、烤玉米等，都是我们最爱吃、也是吃得最多的美味，它们伴随着我们快乐成长，给我们的童年记忆画上了浓墨重彩的一笔。

那些年，我们可以临时搭建一个灶台，堆上柴火，等篝火熊熊生起，然后在柴火灰之下埋入要烤的食物，几个小伙伴围在火堆旁，睁大眼睛等待美味出炉，待食物烤好后，我们顾不上柴火灰的脏污，顾不上食物的热烫，左手换右手，将食物送入嘴中，不停地呼出热气……

难忘过去，难忘曾经的味道。后来，我们从书本上得知，原来烤是最能激发食材香味的烹饪方式，怪不得谁也拒绝不了这一口美味。

如今，如果我们再想吃到这些烤的食物，就变得轻而易举。只要在家，一台烤箱，几样食材，我们随时都能烤出曾经的那般味道。

试想，中餐、西餐、中点、西点以及各种零食小吃，均能在一台烤箱之中诞生，这是一件让吃货觉得多么幸福的事。

我们相信，本书将会给您的日常生活带来锦上添花的创意烤美味。

# contents
## 目录

# Chapter 1　玩转烤箱

# Chapter 2　喷香多变的肉食

# Chapter 3　肥美鲜甜的河海鲜

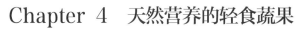

# Chapter 4　天然营养的轻食蔬果

# Chapter 5　花样多变的美味主食

# Chapter 6　刷屏朋友圈的点心、零食

## *Chapter 1*

# 玩转烤箱

家用烤箱大小适中、价格低廉、非常实用，
不仅可以做菜，还可以烘焙蛋糕，
像是一个"万能超人"。
有了它，那些只能在网络上看到的精致菜
肴和在甜品店里令人垂涎三尺的蛋糕，都
能亲手制作了。

# 烤箱的选购及使用方法

烤箱的温度是烘焙成败与否的关键，一台好的烤箱能准确控制加热温度且能使食物均匀受热。加热温度控制准确与否同温控器相关，通过调节温控器就能对温度进行控制。温度均匀程度同烤箱结构息息相关。所以，在选购时，烤箱的结构更重要。

## 烤箱选购要点

❶ **箱体高度：**内胆方正的烤箱要好于扁平的烤箱，原因在于箱体较高的烤箱，箱体内温度均匀程度要优于扁平的烤箱，而且方正的烤箱容易烘焙大体积的食物。所以，最好选择内胆方正的烤箱，箱体高度在 30 厘米或以上。

❷ **布管：**在选购时，最好选择 2 根发热管之间的距离为 8~12 厘米的电烤箱，距离过长或过短都会导致箱体水平温度偏差。同时，在选购时尽量选择有 2 根发热管的烤箱，因为有 2 根发热管的烤箱内部前、后、左、右温度更加均匀。

❸ **容积：**对于烘焙爱好者来说，尽量选择容量在 25 升以上的烤箱，烤箱容量越大，箱体内温度偏低且温度均匀，烘焙出来的食物质量就越高。相反，容量低于 25 升的烤箱，箱体内的温度会偏高，不利于食物表面着色。一般来说，新手使用容量为 25~36 升的烤箱就足够。

❹ **层架数：**目前市面上的烤箱层架数会有所不同，经常使用烤箱的人都知道，烤食物时如果需要上火温度稍低，如上火 180℃、下火 200℃，那么只需要将烤盘向下调一格就可以了；而如果需要下火温度稍低，只需要在食物下方再用一个烤盘隔温即可。因此，在选择烤箱层架时，尽量选择层架数在 2 层以上的烤箱。

## 使用烤箱的操作步骤

❶ 将待烘烤的食物放入烤盘内。

❷ 插上电源插头，将转换开关拧至满负荷档，即上、下加热管同时通电，并将调温器拧至所需的温度。经过一定时间，指示灯熄灭，表示烤箱已达到预热温度。

❸ 用隔热手套将已放有待烘烤食物的烤盘放进烤箱内，关上烤箱门。

❹ 需要自动定时控制时，将定时器拧至预定的烘烤时间；若不需要自动定时控制，则将定时器拧至"0"的位置。

❺ 烘烤过程中应随时观察食物各部分受热是否均匀，必要时用隔热手套将烤盘调转方向。

❻ 当烘烤到达预定时间内，将转换开关、调温器转回"关"位置，拔去电源插头，取出食物即可。

# 烤箱的使用注意事项及清理方法

简单的面包是比较方便、快捷的早餐，买的面包你可能会觉得不卫生，买个小巧的烤箱自己制作，既卫生又能增加生活乐趣。下面向大家简单地介绍首次使用烤箱时的注意事项及清理方法。

## 使用烤箱时的注意事项

❶ **可放入烤箱中的容器：**耐热玻璃容器、耐热陶瓷容器、瓷器、金属容器、铸铁锅、铝制容器、不锈钢容器等。

❷ **需要提前预热：**在烘烤任何食物前，烤箱最好先预热至指定温度，才能符合食谱上的烘烤时间。烤箱预热约需 10 分钟，若烤箱预热太久，也有可能会影响烤箱的使用寿命。

❸ **防烫伤：**正在加热中的烤箱除了箱体内部温度高外，外壳以及玻璃门也很烫，所以在开启或关闭烤箱门时要小心，以免被玻璃门烫伤。

❹ **使用隔热手套或手柄夹：**将烤盘放入烤箱或从烤箱取出时，一定要使用隔热手套或手柄夹，严禁用手直接接触烤盘或烤制的食物，切勿用手触碰加热器或炉腔其他部分，以免烫伤。

❺ **顺时针拧动时间旋钮：**在使用烤箱时，应先将上、下火温度调整好，然后顺时针拧动时间旋钮（千万不要逆时针拧），此时电源指示灯发亮，证明烤箱处于工作状态。在使用过程中，假如我们设定用 30 分钟烤食物，但是通过观察，20 分钟后食物就已经烤熟了，此时不要逆时针拧时间旋钮，只要把旋钮的指示档调整到关闭就可以了，这样可以延长机器的使用寿命。

❻ **烤箱变凉后才能触摸：**每次使用完烤箱，要待其完全冷却后，才能进行清洁工作。应该注意的是，在清洁箱门、炉腔外壳时应用干布擦抹，切忌用水清洗；如遇较难清除的污垢时，可用洗洁精轻轻擦掉。电烤箱的其他附件如烤盘、烤网等可以用水洗涤。

❼ **烤箱一定要摆放在通风的地方：**不要太靠墙，以便于散热。最好不要将烤箱放在靠近水源的地方，因为工作的时候烤箱整体温度都很高，如果碰到水的话，容易使烤箱出现故障。

# 烤箱清洁方法

❶ **用余热：** 油垢在温热状态下较易清除，所以可以趁烤箱还有余温时以干布擦拭，也可以在烤盘上倒些水，用中温加热数分钟后烤箱内部就会充满温热水汽，此时再擦拭即可轻松去除油垢。

❷ **利用清洁剂：** 烤箱内部难以去除的油垢，可用抹布沾少许中性清洁剂来擦拭，需要注意的是，抹布不可弄湿，以免使烤箱出现故障。

❸ **利用醋水、柠檬水：** 抹布沾上醋水（水＋白醋）或柠檬水来擦拭，也可去除油垢；在醋水或柠檬水中加入盐，清洁效果更佳。

❹ **利用面粉：** 当烤箱内有较大面积的未干油渍时，可以先撒面粉吸油，再擦拭、清理，效果较佳。

❺ **电热管的保养：** 烘烤过程中若有食物汤汁滴在电热管上，会产生油烟，烧焦的汤汁还会黏附在电热管上，因此必须在冷却后小心地刮除干净，以免影响电热管效能。

❻ **除异味：** 若烤箱内残留油烟味，可放入咖啡渣加热数分钟，即可去除异味。

# 烤箱烘焙所需的工具

俗话说："工欲善其事，必先利其器"，如果大家想要制作出美味、可口的西点，就要提前准备好工具，并有效地利用这些工具来做出品种不一的西点。下面，为大家简单地介绍下做西点时，经常会用到哪几种工具，以及它们的作用。

## *1* 打蛋器

常见的为不锈钢材质，是制作西点时必不可少的工具，用于将鸡蛋搅拌成蛋液，以及将其他材料搅拌均匀。

## *2* 电动搅拌器

电动搅拌器相对于打蛋器来说，打发速度快，比较省力，使用起来十分方便，制作西点时中常用来打发奶油、黄油或搅拌面糊等。

## *3* 擀面杖

擀面杖是制作西点时擀压面团的好帮手，一般以木头为材质，两端有把手，在整齐、均匀地擀面团或抻开面团时使用。

## *4* 刮板

刮板的材质有塑料和金属等，在西点中，可以用来分割面团或搅拌面团，也可以刮除黏附在操作台上干掉的面皮。

## *5* 长柄刮板

长柄刮板质地柔软，可耐250℃的高温，西点中多用于混合材料、和面，还能把搅拌好的面团转移到其他容器中，避免浪费用料。

## *6* 刷子

刷子具有毛软和强韧的特性，在制作西点时，可以用它在刚烘焙好和尚未烘焙的面团上涂抹蛋液、黄油或奶油等。

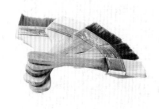

## 7 筛网

筛网在烘焙过程中，能起到很大的辅助作用。过筛后的面粉会变得松散、细致。筛网也可将糖粉、可可粉过筛至糕点上等。

## 8 量杯

量杯是在制作西点时用来量水、牛奶等液体物质体积的工具，通常用毫升表示量杯的体积。通常以 200~500 毫升大小的量杯为宜。

## 9 量匙

量匙是圆形的带柄小浅勺，通常是 4 种规格为一组，在西点中，常用来称量小剂量的液体或细碎食材，如橄榄油、柠檬汁等。

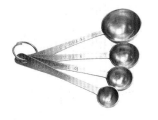

## 10 电子秤

电子秤适合用来称量各式各样的粉类（如面粉、抹茶粉等）、细砂糖、色拉油、鸡蛋及作为辅料使用的坚果类。

## 11 高温手套

高温手套是隔热防护的专用手套，在制作西点时，由于烤箱内的温度很高，要拿出烤盘，就要用到高温手套，避免烫伤手。

## 12 锯刀

锯刀刀身窄而长，刃口呈锯齿形，在西点中，常用于切面包和慕斯蛋糕，用它切割后的西点外形整齐、漂亮。锯刀也可用于取果肉。

# 烤箱美食常用的调味料

用小烤箱烹饪美食很容易上手，但为了使味道更完美，选好调味料是关键。

## *1* 鲜奶油

奶油分含水奶油和不含水奶油两种，含水的多用于做裱花蛋糕，而不含水的多用于做奶油蛋糕、奶油霜饰和其他高级西点。

## *2* 牛奶

牛奶不但可以提高西点中蛋糕的口感和香味，用于烹调时，常常用来制作馅料、酱料、点心等。

## *3* 黑胡椒粒

味辛辣，解油腻，常用于烧烤、煎煮等，常与肉类尤其是牛肉相伴。市售黑胡椒有整粒胡椒、粗粒胡椒碎和经过精细研磨而成的黑胡椒粉。

## *4* 奶酪粉

味道纯正，具有浓厚奶酪味道，是做奶酪蛋糕必不可少的调味料。食用意大利面时撒些奶酪粉在上面，会令意大利面更美味。

## *5* 片状奶酪

这种奶酪使用和保存都很方便，而且有各种口味可供选择，是制作早餐和烹调菜品时不错的选择。

# 与烤箱美食搭配的各种酱料

用烤箱烹饪时，酱料对菜品的味道有较为重要的作用，但这些酱料做法复杂，常令人望而却步，不如用市面上可买到的酱料，不仅方便，而且味道一点也不差。

## *1* 番茄酱

番茄酱常用作鱼、肉等食物的烹饪作料，是增色、添酸、助鲜调味佳品。

## *2* 泰式甜辣酱

地道的泰式风味，微辣且带甜酸味，开胃怡神。最适合用来蘸食香口小食。用作沙拉酱，味道亦一流。

## *3* 芥末酱

芥末酱是由芥末粉或山葵、辣根经发制、调配而成的一种常见调味品，具有强烈的刺激性气味。

## *4* 黄桃橙汁酱

色泽鲜艳，口感酸甜，可增进食欲。烤好的虾仁搭配亮晶晶的黄桃橙汁酱，酸甜清新，味道丰富。

## *5* 酱油

用处最为广泛的一种调味料，主要用于食物调味和增色。

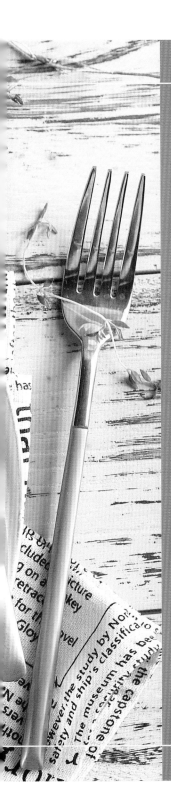

*Chapter 2*

# 喷香多变的肉食

鲜嫩多汁的烤鸡、烤肉，
不管是大人、小孩都难以抵抗它的美味。
学会聪明活用烤箱，
最大的优点就是可以很轻松地烤制肉类食材。
平常烹调肉类食材时，
必须掌控时间并时时紧盯火候的变化。
使用烤箱烤肉类食材，
只要调好温度及时间，
不论什么食材都能变得软嫩又好吃。

# 锅烤蒜香黄油鸡

⏱ 60 分钟

🌡 上火 200℃
下火 200℃

难易度：★★★

**原料** 全鸡 1 只，白洋葱 2 个，大蒜 6 瓣，黄油 30 克

**调料** 盐、研磨黑胡椒粉各适量

## 制作步骤 practice

1. 将洗净的整鸡用厨房用纸将内、外的水分吸干，往鸡身均匀地撒盐，鸡身内涂抹适量盐。

2. 抹匀后，用保鲜膜包裹后冷藏 4 小时或隔夜。

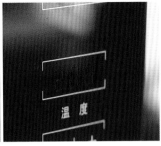

3. 烤箱调至上、下火 200℃，预热烤箱。

4. 大蒜切碎，与黄油拌匀。

5. 将白洋葱切块。

6. 从冰箱取出冷藏、腌制好的整鸡，除去保鲜膜，在鸡身表面均匀地涂抹蒜泥黄油酱。

7. 撒上黑胡椒粉，把白洋葱填入鸡身内，鸡翅尖折向背部。

8. 随后将整鸡放入锅内，鸡胸朝上，盖上锅盖送入预热至 200℃ 的烤箱，烤 30 分钟。

9. 移去锅盖，继续烤 30 分钟，待表皮充分上色后即可出烤箱，在锅内静置 10 分钟后享用。

---

**TIPS** 可以加入适量迷迭香草，使成品味道更加香而不腻。

# 百里香烤鸡腿

**原料** 鸡腿2个

**调料** 盐5克,新鲜百里香4根,朗姆酒10毫升,黑胡椒碎少许

🕐 30分钟

🌡 上火220℃
下火220℃

难易度:★

## 制作步骤 practice

1. 将鸡腿洗净、擦干,放入碗中,倒入朗姆酒。

2. 撒上盐,抹匀,腌渍30分钟。

3. 预热烤箱。将腌好的鸡腿放在铺有锡纸的烤盘中,放上百里香,再撒上黑胡椒碎。

4. 将烤盘放入预热至220℃的烤箱中层,以上、下火烤约30分钟至色泽金黄、表皮酥脆。

#  泰 式 辣 酱 鸡 翅

**原料** 鸡翅 3 只，葱末、姜末、蒜末各 5 克

**调料** 生抽、料酒各 10 毫升，盐 2 克，白糖 3 克，泰式辣酱 30 克

---

⏱ 20 分钟

🌡 上火 220℃
下火 220℃

难易度：★

---

## 制作步骤 practice

1. 将生抽、料酒、盐、白糖、葱末、姜末、蒜末放入碗中拌匀。

2. 将拌好的料倒入鸡翅中，拌匀，腌渍至少 30 分钟。

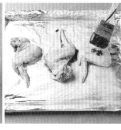

3. 预热烤箱至 220℃。将腌好的鸡翅放置在铺有锡箔纸的烤盘上，刷上泰式辣酱。

4. 将烤盘放入烤箱中层，以上、下火烤约 20 分钟即可。

 # 糯米鸡肉卷

🕐

25 分钟

🌡

上火 200℃
下火 200℃

难易度：★★★

**原料** 鸡腿 2 个，香肠 4 根，冬笋 100 克，香菇 5 个，枸杞子约 20 粒，糯米 150 克，葱末、蒜末、姜末各 4 克

**调料** 烧烤酱 20 克，蚝油 5 克，黄酒、食用油、盐各适量

**制作步骤 practice**

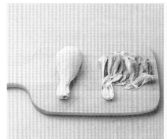

1. 鸡腿洗净、擦干，去骨；香肠、冬笋、香菇均切丁。

2. 将鸡肉装入碗中，加入烧烤酱、蚝油、黄酒、葱末（1/2）、姜末、蒜末腌渍 6 小时至入味。将糯米浸泡 2 小时。

3. 炒锅中注入适量食用油，待五成热时下入香肠丁、冬笋丁、香菇丁、枸杞子、葱末（剩余的 1/2），以中火煸炒 2 分钟。

4. 再加入糯米翻炒 3 分钟。

5. 加入盐调味。

6. 将炒好的糯米放入蒸锅中，蒸熟。

7. 取出腌渍鸡肉，用刀背拍平整，铺上适量糯米饭，卷成卷并用棉线缠绕固定。

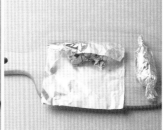

8. 裹上锡箔纸。

9. 放入预热至 200℃的烤箱中层，以上、下火烤约 25 分钟即可。

**TIPS** 用锡箔纸包住鸡肉有助于受热均匀，且不会外干里生。

🕐 10 分钟

🌡 上火 200℃
下火 200℃

难易度：★

 **多蔬南瓜酱焗鸡肉**

**原料** 鸡肉丁 150 克，南瓜 100 克，红椒、黄椒、圣女果、洋葱、口蘑、秋葵各 30 克，牛奶 100 毫升，奶酪丝少许

**调料** 盐、黑胡椒粉各少许

**制作步骤 practice**

1. 红椒、黄椒、洋葱切小块；口蘑、南瓜均切片；秋葵切小段；圣女果对半切开。

2. 将南瓜蒸熟后，加牛奶、盐、胡椒粉打成酱。另起锅加水烧开，将秋葵、口蘑、鸡肉焯水。

3. 将所有切好的食材放入烤盘，再淋上南瓜酱。

4. 铺上奶酪丝，将烤盘放入预热至 200℃的烤箱中，以上、下火烤 10 分钟即可。

# 奥尔良烤翅

**原料** 鸡翅 500 克

**调料** 橄榄油 20 毫升，奥尔良烤翅料 35 克，蜂蜜 10 克

## 制作步骤 practice

1. 鸡翅洗干净，用刀在鸡翅两面各划两刀；奥尔良烤翅料加水搅拌成酱汁。

2. 鸡翅放入容器，倒入调好的酱汁、橄榄油拌匀，盖上盖子，放入冰箱冷藏、腌制24小时。

3. 将烤箱预热至200℃。烤盘上铺好锡纸，鸡翅放在烤架上，刷上一层蜂蜜。

4. 烤盘放进烤箱底层，烤架放在烤箱中层，以上、下火烤20分钟，将鸡翅放入盘中即可。

20 分钟

上火 200℃
下火 200℃

难易度：★

# 脆皮烤鸡

**原料** 全鸡 1 只，白洋葱 1 个，柠檬 1 个，蜂蜜 1 大勺，
香芹 1 根，大蒜 2 瓣

**调料** 黄油 3 大勺，盐 1/2 小勺，黑胡椒碎适量

⏱ 60 分钟

🌡
上火 220℃
下火 220℃

难易度：★ ★ ★

## 制作步骤 practice

1. 把切碎的大蒜、香芹加入黄油搅拌均匀；白洋葱一半切丝一半切大块备用。

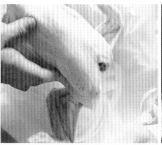

2. 烘焙纸以"十"字形摆放，垫在铸铁锅中。在铸铁锅中铺上一层白洋葱丝，摆上整鸡。

3. 将鸡皮与鸡肉分离（不切断），把香料黄油抹在皮、肉之间，剩余的香料黄油涂在鸡皮表面。

4. 滚压柠檬，并用叉子在柠檬的表面扎洞。把白洋葱块和柠檬塞入鸡腹内。

5. 鸡腿用细绳绑起，撒上黑胡椒碎、盐，并涂抹均匀。

6. 用烤纸仔细地把整鸡密封起来。

7. 烤箱调至220℃进行预热。将整鸡放进烤箱用上、下火烤40分钟。

8. 将烤鸡取出，揭下烤纸，将蜂蜜涂抹在鸡皮表面。

9. 再次将整鸡放入烤箱，以220℃烤约20分钟即可。

---

**TIPS** 要想鸡肉更加入味，可以事先用淡盐水腌渍10分钟。

# 台式盐酥鸡

**原料** 鸡胸肉 300 克，蒜泥少许，鸡蛋 1 个，燕麦片适量

**调料** 料酒、生抽各 10 毫升，烤肉酱 15 克，盐 2 克，淀粉适量

🕐
**20 分钟**

🌡
**上火 180℃**
**下火 180℃**

**难易度：★★**

**制作步骤 practice**

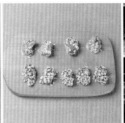

1. 将鸡胸肉洗净、切块。将鸡蛋的蛋白与蛋黄分离。

2. 将鸡胸肉放入碗中，加料酒、生抽、烤肉酱、盐、蒜泥、淀粉拌匀，加入蛋白腌 1 个小时。

3. 将鸡肉均匀地裹上一层燕麦、蘸上蛋黄液、再裹上一层燕麦片，表面刷上油。

4. 将鸡肉放入铺有锡纸的烤盘上，放入预热至 180℃的烤箱用上、下火烤约 20 分钟。

#  焗咖喱鸡

**原料**　鸡肉200克，土豆1个，胡萝卜1/2根，洋葱1/4个，蘑菇3个，大蒜2瓣，奶酪丝若干

**调料**　盐3克，咖喱酱适量，黄油100克

15分钟

上火200℃
下火200℃

难易度：★★

**制作步骤 practice**

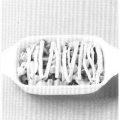

1. 胡萝卜、土豆、鸡肉、蘑菇均切小丁，洋葱、大蒜切片。烤箱调至200℃进行预热。

2. 锅烧热，放入黄油至化开，加蒜片、洋葱片用小火炒香，加土豆丁、胡萝卜丁翻炒2分钟。

3. 加入2杯水煮沸，加入鸡肉丁、蘑菇丁、咖喱酱、盐，焖出香味，放入焗碗中。

4. 焗碗中撒上奶酪丝，置于预热至200℃的烤箱中，以上、下火烤约15分钟即可。

15 分钟

上火 180℃
下火 180℃

难易度：★

# 猪肉饺子皮盅

**原料** 猪肉末 300 克，黄椒粒、红椒粒、洋葱碎各 50 克，饺子皮 4 片，奶酪碎适量

**调料** 黑胡椒碎 5 克，盐 3 克，辣椒面 10 克，橄榄油适量

## 制作步骤 practice

1.将猪肉末装入碗中，加入黑胡椒碎、盐、黄椒粒、红椒粒、洋葱碎、辣椒面，拌匀。

2.在模具的凹槽处涂抹上一层橄榄油，将饺子皮铺在模具中。

3.将拌好的馅料放入饺子皮中，再在顶部撒上奶酪碎，放入预热至 180℃的烤箱。

4.以上、下火烤约 15 分钟，待奶酪化开，饺子皮呈现金黄色，取出即可。

# 培根奶酪卷

**原料**　饺子皮 4 张，培根 100 克，通心粉 100 克，奶酪丝适量

**调料**　水淀粉适量

## 制作步骤 practice

1. 先将培根放入煎锅中煎熟，并且切成小块；通心粉入锅中煮熟，待用。

2. 取出饺子皮，将奶酪丝、通心粉放在饺子皮上，再放上培根块，卷好。

3. 用水淀粉把包好的培根卷封口，在表面刷上食用油，再放入铺有锡箔纸的烤盘中。

4. 放入预热至 180℃的烤箱，以上、下火烤约 15 分钟，待表面焦黄即可。

15 分钟

上火 180℃
下火 180℃

难易度：★

# 香肠蛋卷

**原料** 香肠300克，奶酪4片，饺子皮3张

**调料** 橄榄油、水淀粉各适量

⏱ 15分钟

🌡 上火 180℃
下火 180℃

难易度：★

**制作步骤 practice**

1. 将香肠和奶酪片均切丝。

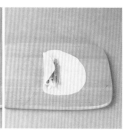

2. 将香肠丝、奶酪丝放于饺子皮中间，从一端卷起，卷好后，将两端用水淀粉封口。

3. 表面刷上油，放入铺有锡箔纸的烤盘中。

4. 将烤盘放入预热至180℃的烤箱中，以上、下火烤约15分钟，待表面焦黄即可。

# 香烤猪肉脯

**原料** 猪肉馅 300 克

**调料** 生抽、料酒各 8 毫升，
鱼露、蚝油各 5 毫升，
白糖、盐各 2 克，胡椒
粉 3 克，红曲粉 10 克，
蜂蜜 10 毫升

30 分钟

上火 200℃
下火 200℃

难易度：★★

## 制作步骤 practice

1. 猪肉馅加生抽、料酒、鱼露、蚝油、红曲粉，拌至肉馅上劲后，再加白糖、盐、胡椒粉拌匀。

2. 在砧板上铺层保鲜膜，放上肉馅，再铺层保鲜膜，擀成薄片，放入冰箱冷冻 2 小时。

3. 将肉馅撕去保鲜膜后放入烤盘上，放入预热至 200℃的烤箱，以上、下火烤 15 分钟。

4. 取出，两面刷上蜂蜜，再放入烤箱续烤 15 分钟左右即可。

## 烩牛腩

**原料** 牛腩 750 克，去皮西红柿罐头 1 罐，白洋葱 1 个，口蘑 5 个，蒜 4 瓣，干辣椒适量，胡萝卜 2 根

**调料** 高汤适量，香叶 1 片，红糖 1 茶匙，面粉 1 汤匙，八角 1 颗，肉桂 1 根，粗盐、黑胡椒粉、橄榄油各适量

> ⏱ 120 分钟
>
> 🌡 上火 140℃
> 下火 140℃
>
> 难易度：★★

## 制作步骤 practice

1. 牛腩切大块，在两面撒上粗盐和黑胡椒粉，静置 15 分钟后沥干水分。

2. 白洋葱切丝，口蘑切厚片，胡萝卜切滚刀块。

3. 锅内倒入橄榄油烧热，倒入蒜炒出香味。

4. 放入白洋葱翻炒至出现焦糖色。

5. 放入牛腩块翻炒至略带焦糖色，再放入红糖，撒入面粉，翻炒至半透明均匀裹覆牛肉。

6. 放入口蘑翻炒约 3 分钟。

7. 加入西红柿炒匀，加入香叶、干辣椒、八角、肉桂，炒至西红柿熟透，倒入高汤至差 1 厘米没过肉块。

8. 加粗盐调味，放入胡萝卜，盖盖，用烤盘托起放入预热至 140℃的烤箱，以上、下火烤约 2 小时即可。

**TIPS** 可根据个人喜好搭配上香菜叶食用。

# 牛肉金针菇卷

**原料** 雪花牛肉 3 片，金针菇 40 克，葱末 5 克，蒜泥 5 克，高汤适量

**调料** 烧烤酱 40 克

🕐
15 分钟

🌡
上火 200℃
下火 200℃

难易度：★★

## 制作步骤 practice

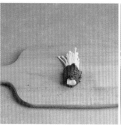

1. 将牛肉片装盘铺平，抹上拌匀的葱末、蒜泥、烧烤酱，腌渍 1 小时使牛肉入味。

2. 将金针菇去根、洗净。锅中倒高汤煮沸，放入金针菇，小火煮 1 分钟，捞出。

3. 将腌渍好的牛肉片平铺，包裹适量金针菇成卷。

4. 放入铺有锡纸的烤盘，置于预热至 200℃的烤箱，以上、下火烤约 15 分钟。

# 西葫芦酿牛肉

**原料** 西葫芦1个，牛肉末150克，洋葱碎40克，橄榄油适量

**调料** 盐2克，奶酪粉4克，黑胡椒粉2克，百里香粉3克

⏱ 18分钟

🌡 上火 200℃
下火 200℃

难易度：★★

## 制作步骤 practice

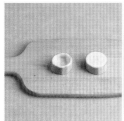

1. 西葫芦切成若干条长度约5厘米的段，将瓤挖出，留宽1厘米左右的边，底部不挖穿。

2. 锅中加橄榄油烧至四成热，加入洋葱碎和切碎的西葫芦瓤煸香，加黑胡椒粉调味。

3. 牛肉末中加入炒好的食材、盐、百里香粉和部分奶酪粉拌匀，填入西葫芦段中。

4. 撒剩余的奶酪粉，放入铺有锡纸的烤盘中。放入预热至200℃的烤箱以上、下火烤18分钟。

🕛
120 分钟

🌡
上火 150℃
下火 150℃

难易度：★★

## 🍴 红酒炖牛肉

**原料** 牛腱 400 克，西红柿块、洋葱块、土豆块、胡萝卜块、西芹块各 80 克，口蘑 10 个，红酒 400 毫升，蒜末少许，高汤适量

**调料** 番茄酱 1 大勺，百里香、黑胡椒粉、面粉、盐各适量，橄榄油 20 毫升

**制作步骤 practice**

1. 牛肉洗净、去膜，切大块，拍上面粉；口蘑切厚片；牛肉用橄榄油煎至上色，取出。

2. 油锅中再放洋葱、胡萝卜、西芹、蒜末、番茄酱、西红柿炒 2 分钟，加牛肉、面粉。

3. 放入预热至 200℃的烤箱用上下火烤 5 分钟，取出加红酒、高汤、百里香、黑胡椒、土豆煮沸。

4. 送回烤箱以上、下火 150℃烤 2 小时，1 小时后放入蘑菇拌匀，烤完后取出再以盐调味。

#  米其林三星牛排

原料　牛排1块

调料　盐3克，黑胡椒8克，橄榄油10毫升

**制作步骤 practice**

1. 牛排两面撒上盐、黑胡椒，并抹上橄榄油静置5分钟。

2. 烤箱以200℃预热。

3. 同时将牛排放入烧热铸铁锅中，两面各煎60秒，牛排周围各煎10秒以锁住肉汁。

4. 将铸铁锅放入烤箱中，以上、下火烤5~7分钟，取出后用锡纸包裹静置5分钟。

🕐 5~7分钟

上火 200℃
下火 200℃

难易度：★

*Chapter 3*

# 肥美鲜甜的河海鲜

家中突然来了客人，要用什么菜来招待呢？
如果此时灶上已经炖上肉，锅里正炒着菜，
这时还可以利用起烤箱，
将鱼、虾这类鲜品，用酱料腌好后，
放入烤箱中，设定好时间，轻松烤制，
待肉炖好时，烤箱里的菜也可以出炉了。

柠檬烤鱼

原料　柠檬 1 个，鲷鱼 1 条，黄椒、红椒、洋葱各 50 克，新鲜迷迭香 10 克，蒜片 10 克，姜片适量

调料　盐 5 克，白兰地 30 毫升，橄榄油适量，橙汁 50 毫升

⏱ 25 分钟

🌡
上火 200℃
下火 200℃

难易度：★★★

## 制作步骤 practice

1. 黄椒、红椒分别切丝，洋葱切丝，柠檬切片。

2. 去除鱼的鳞片、内脏，用水冲洗干净，擦干水分后，抹上少许盐。

3. 再将姜片、迷迭香塞入鱼肚里，腌渍 20 分钟至入味。

4. 铸铁锅中刷上一层油后，再铺上切好的黄椒丝、红椒丝、洋葱丝、蒜片、迷迭香。

5. 将腌渍好的鱼放入锅中，放上柠檬片。

6. 表面淋上一层橄榄油，倒入白兰地。

7. 淋上适量橙汁。

8. 将锅放入预热至 200℃的烤箱中层，以上、下火烤约 25 分钟即可。

**TIPS**　烘烤的过程中橙汁的香气会渗透到鱼肉中。

# 香烤三文鱼

**原料** 三文鱼 300 克

**调料** 盐 2 克，黑胡椒碎 3 克，辣椒粉 8 克，罗勒叶碎 2 克，牛至叶碎 3 克，百里香粉 5 克，食用油 15 毫升

🕙
**10 分钟**

🌡
**上火 180℃**
**下火 180℃**

**难易度：★★**

## 制作步骤 practice

1. 三文鱼洗净，撒上盐、黑胡椒碎、罗勒叶碎、牛至叶碎、辣椒粉抹匀，静置 1 小时。

2. 煎锅中倒入食用油，烧至四成热时，放入三文鱼，微煎以锁住水分。

3. 将煎好的三文鱼放入铺有锡纸的烤盘中。表面刷上食用油，撒上百里香粉。

4. 将烤盘放入预热至 180℃ 的烤箱中层，以上、下火烤 10 分钟即可。

# 芋泥焗鲑鱼

**原料** 芋头 400 克，鲑鱼 200 克，奶酪 4 片，红椒粒、黄椒粒各适量

**调料** 奶油 20 毫升，白胡椒粉、盐各 2 克，白酒 5 毫升，韩式辣椒酱、青芥末酱、黄芥末酱、味噌酱各少许

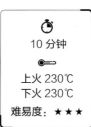

⏱

10 分钟

🌡

上火 230℃

下火 230℃

难易度：★★★

## 制作步骤 practice

1. 鲑鱼切薄片，撒上盐、白胡椒粉、白酒腌渍 10 分钟；芋头去皮后切薄片煮熟。

2. 将煮好的芋头加入奶油搅拌成泥，再加红椒粒、黄椒粒拌匀后捏成球。

3. 烤碗中摆入芋泥球、鲑鱼、奶酪，再放入预热至230℃的烤箱，以上、下火烤10分钟。

4. 待表面金黄后取出，分别点上韩式辣椒酱、青芥末酱、黄芥末酱、味噌酱即可。

**20 分钟**

上火 220℃
下火 220℃

难易度：★★

 **什锦烤鱼**

**原料**　鲫鱼 450 克，土豆片 30 克，胡萝卜片 30 克，洋葱丝 30 克，香菜 5 克

**调料**　食用油适量，烤肉酱 30 克，辣椒粉 10 克

**制作步骤 practice**

1. 宰杀好的鲫鱼对半切开，在鱼背上划花刀，加部分烤肉酱、辣椒粉，拌匀腌渍。

2. 碗中放入洋葱丝、土豆片、胡萝卜片、剩余烤肉酱，淋入食用油，充分搅拌匀。

3. 烤盘上铺锡纸，刷上食用油，放入部分拌好的蔬菜，铺上鲫鱼，倒入剩余的蔬菜。

4. 烤盘放入预热至220℃的烤箱，以上、下火烤 20 分钟，取出装盘，撒上香菜即可。

# 奶酪焗龙虾

**原料** 澳洲龙虾 1 只（140 克），奶酪、柠檬各 2 片，面粉 20 克

**调料** 盐、鸡粉各 1 克，胡椒粉 2 克，黄油 40 克，白兰地酒 20 毫升

## 制作步骤 practice

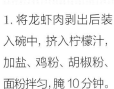

1. 将龙虾肉剥出后装入碗中，挤入柠檬汁，加盐、鸡粉、胡椒粉、面粉拌匀，腌 10 分钟。

2. 锅中放入 20 克黄油，加热至微化开，放入虾头、壳煎片刻，倒入白兰地酒，煎约半分钟。

3. 将煎好的虾头、壳摆盘，锅中放剩余黄油，加热至微化开，放入虾肉煎至微黄。

4. 将虾肉放入壳中，放上奶酪，再放入预热至 200℃的烤箱，以上、下火烤 10 分钟即可。

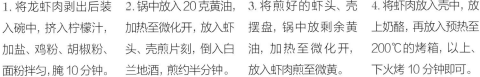

⏱
**10 分钟**

🌡
**上火 200℃**
**下火 200℃**

**难易度：★★**

# 葱香烤带鱼

🕐 18 分钟

🌡 上火 180℃
下火 180℃

难易度：★★

原料　带鱼段 400 克，姜片 5 克，葱段 7 克

调料　盐 3 克，白糖 3 克，料酒 3 毫升，生抽 3 毫升，
　　　老抽 3 毫升，食用油适量

## 制作步骤 practice

1. 在带鱼段两面划上"一"字花刀。

2. 带鱼装入碗中，再放入葱片、姜段。

3. 倒入盐、白糖、料酒、生抽、老抽，拌匀，腌渍20分钟。

4. 在铺好锡纸的烤盘上刷上食用油。

5. 放入腌渍好的带鱼，待用。

6. 将烤箱预热至180℃，放入装有食材的烤盘。

7. 选择上、下火加热，烤18分钟。

8. 将烤盘取出。

9. 将烤好的带鱼装入盘中即可。

**TIPS** 带鱼腥味较重，腌渍时，可先加少许白酒去除腥味。

🕐 25 分钟

🌡 上火 200℃
下火 200℃

难易度：★

# 锡纸包鱼

**原料**　鲈鱼 1 条，洋葱 1/4 个，香菜 4 根，大蒜 5 瓣，葱 1/2 根

**调料**　香叶 2 片，盐 3 克，白胡椒粉 2 克，橄榄油 10 毫升

## 制作步骤 practice

1. 洋葱切丝；香菜去老根切成 3 厘米长的段；大蒜拍扁；葱切末。

2. 将洋葱丝、香叶、大蒜放入鱼腹中，将盐、白胡椒粉抹在鱼身腌渍 20 分钟。

3. 在鱼身上刷橄榄油，再把鱼放入有锡箔纸的烤盘上，撒上葱末、香菜段。

4. 将锡箔纸盖在鱼上捏紧，放入已预热至 200℃的烤箱中层，以上、下火烤 25 分钟。

#  香烤巴浪鱼

__原料__　巴浪鱼 4 条

__调料__　盐、鸡粉各 3 克，陈醋 3 毫升，料酒、孜然粉、食用油各适量

## 制作步骤 practice

1.在两面鱼背上打花刀，将盐、料酒、鸡粉、陈醋、孜然粉在鱼身上抹匀，腌渍 30 分钟。

2.在备好的烤盘上刷一层油，放上腌渍好的鱼，在鱼身上刷油。

3.将烤盘放入预热至 220℃烤箱中，选择上、下火加热，烤 20 分钟。

4.取出烤盘，将烤好的鱼倒入备好的盘中即可。

20 分钟

上火 220℃
下火 220℃

难易度：★

# 菠萝油条虾

**原料** 菠萝块300克,油条3根,
虾仁 300 克

**调料** 孜然粉 10 克,盐 2 克,
鸡蛋 1 个,食用油、沙
拉酱、料酒、水淀粉各
适量

⏱ 10 分钟

🌡 上火 180℃
下火 180℃

难易度: ★★

**制作步骤 practice**

1. 虾仁剁成泥后,加
入料酒、孜然粉、盐,
略拌后加入适量水淀
粉,拌匀。

2. 油条切小段后,在
中空处填入虾泥,再
裹上一层蛋液。

3. 在铺有锡纸的烤盘
上刷油后放油条,放入
预热至 180℃的烤箱,
以上、下火烤 10 分钟。

4. 将烤好的油条虾放
入碗中,挤少许沙拉
酱,摆上菠萝块即可。

# 椰 子 虾

**原料**　虾10只，鸡蛋液60克

**调料**　面粉80克，椰蓉50克，
料酒5毫升，盐、胡椒
粉各2克

⏱
10 分钟

🌡
上火 200℃
下火 200℃

难易度：★★

**制作步骤 practice**

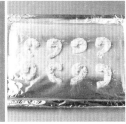

1. 处理好的虾加入料
酒、盐、胡椒粉，腌
渍20分钟。

2. 将虾放入装有面粉
的密封袋里，轻晃，
使面粉均匀包裹，再
将虾均匀地沾上蛋液。

3. 将虾均匀裹上一层
椰蓉，再将虾放入铺
有锡箔纸的烤盘中。

4. 将烤盘置于已预热
至200℃的烤箱中，
以上、下火烤10分
钟即可。

# 香辣爆竹虾

**原料**  饺子皮6张，虾6只

**调料**  辣酱20克，橄榄油适量，
水淀粉适量

🕐
15分钟

🌡
上火 180℃
下火 180℃

难易度：★★

## 制作步骤 practice

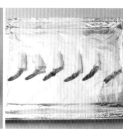

1. 先将准备好的辣酱放入碗中，将虾去壳后放入碗中，以便让虾入味。

2. 将饺子皮切成半圆形，将酱虾包裹在内，露出虾尾，用水淀粉将面皮粘住。

3. 在虾卷表面刷上油后，放入铺有锡箔纸的烤盘中。

4. 将烤盘放入预热至180℃的烤箱中，以上、下火烤约15分钟即可。

# 什锦烤串

**原料** 鲜虾3只，培根3片，玉米1根，杭椒3个，菠萝2大块，圣女果6个，柠檬半个，蒜泥5克

**调料** 盐2克，料酒10克

15分钟

上火200℃
下火200℃

难易度：★★

## 制作步骤 practice

1.鲜虾洗净去除虾须、虾线和虾枪，用蒜泥、盐、料酒腌渍20分钟使其入味。

2.杭椒去蒂，切成小段，将培根平铺，卷上杭椒。

3.玉米切段，菠萝切小块，圣女果洗净，柠檬切片。把准备好的材料穿成串。

4.将什锦串放在烤架上，放入预热至200℃的烤箱中层，以上、下火烤约15分钟。

番茄鲜虾盅

原料　番茄 2 个，虾 50 克，鸡蛋 3 个，玉米粒、青椒丁、胡萝卜丁各 30 克，蒜末适量

调料　盐 2 克，料酒 5 毫升，黑胡椒粉 5 克，食用油适量

⏱ 15 分钟

🌡 上火 200℃
下火 200℃

难易度：★★

**制作步骤 practice**

1. 番茄洗净，切去顶部，将其中心处挖空，制成杯状。

2. 虾去壳，用料酒、盐、蒜末腌渍片刻。

3. 锅中倒入食用油，倒入打散的鸡蛋、玉米粒、青椒丁、胡萝卜丁炒匀。

4. 倒入腌渍好的虾，炒匀。

5. 加入黑胡椒粉调味。

6. 将炒好的食材放入挖空的番茄中。

7. 将番茄放入铺有锡箔纸的烤盘中。

8. 将烤盘放入预热至 200℃ 的烤箱，以上、下火烤约 15 分钟至番茄表皮出现褶皱即可。

**TIPS** 做此道菜时，应选择稍微硬一点的番茄，太软的番茄不容易将果肉挖空。

# 培根鲜虾卷

**原料**　虾4只，培根4片，芦笋4个，蒜蓉适量，奶酪2片

**调料**　盐2克，料酒5毫升，黑胡椒碎1克

🕐 12~15分钟

🌡
上火200℃
下火200℃

难易度：★★

**制作步骤 practice**

1. 将虾去壳留虾尾，再加盐、料酒、蒜蓉拌匀，腌渍20分钟；芦笋切段。

2. 培根平铺，从其一边依次摆放虾、芦笋、奶酪，虾不露头，将尾部朝上。

3. 培根卷成卷，用牙签固定，表面撒上黑胡椒碎，将培根卷放入铺有锡箔纸的烤盘。

4. 将烤盘置于预热至200℃的烤箱中层，以上、下火烤12~15分钟即可。

# 翡翠贻贝

**原料** 贻贝 500 克，青椒粒、红椒粒、黄椒粒各 20 克，奶酪碎适量

**调料** 黄油 50 克，西芹粉、白胡椒粉各少许，白葡萄酒 1/2 杯

15 分钟

上火 190℃
下火 190℃

难易度：★★

## 制作步骤 practice

1. 贻贝放入盐水中洗净，控干水分。

2. 微波炉加热黄油，软化后，依次加入西芹粉、白胡椒粉，搅匀。

3. 将贻贝放入碗中，倒入白葡萄酒和调配好的黄油。

4. 将彩椒碎和奶酪碎放在贻贝上，放入已预热至 190℃的烤箱，以上、下火烤 15 分钟即可。

# 蟹棒焗丝瓜

**原料** 丝瓜 1/2 根，蟹肉棒 5 根，柳松菇 20 克，白果 9 颗，红椒粒适量，马苏里拉奶酪 50 克

**调料** 盐、白胡椒粉各少许

🕙
10 分钟

🌡
上火 200℃
下火 200℃

难易度：★★★

## 制作步骤 practice

1. 丝瓜切成细丝；蟹肉棒切成细丝备用。

2. 将丝瓜放入烤盘，放入柳松菇、白果及蟹肉棒、红椒粒。

3. 加入盐、白胡椒粉调味，拌匀。

4. 铺上马苏里拉奶酪，置入预热至 200℃ 的烤箱，以上、下火烤约 10 分钟即可。

#  黄金扇贝

**原料**　扇贝 5 个，洋葱 30 克，大蒜 2 瓣，奶酪丝 10 克

**调料**　白葡萄酒 1/2 杯，盐 2 克，白胡椒粉 1 克

⏱
10 分钟

🌡
上火 200℃
下火 200℃

难易度：★★

## 制作步骤 practice

1. 锅中加适量水，烧热后，放入扇贝略煮。

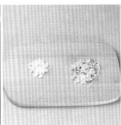

2. 将大蒜、洋葱切末。

3. 将扇贝放入盘中，放入洋葱末、蒜末、盐、白胡椒粉，最后淋少许白葡萄酒。

4. 加少许奶酪丝，置于预热至 200℃ 的烤箱中，以上、下火烤约 10 分钟即可。

# Chapter 4
## 天然营养的轻食蔬果

一提起烤箱美食，很多人都会想到烤肉，
其实烤箱还可以用来烤蔬菜、水果，
蔬菜烤串、薯条、水果干……
这些常见的美食，
在家用烤箱就能做出来。

##  普罗旺斯炖菜

60 分钟

上火 180℃
下火 180℃

难易度：★★★

**原料** 西红柿 2 个，白洋葱 1 个，西葫芦 2 根，茄子 1 个，红椒 1 个

**调料** 橄榄油 1 大勺，迷迭香适量，黑胡椒粉适量，盐适量，月桂叶 1 片，蒜 3 瓣，番茄红酱 1 大勺

## 制作步骤 practice

1. 在西红柿顶部用刀划"十"字，将西红柿放入热水中煮沸，捞出放进冷水。

2. 西葫芦、茄子洗净后切薄片；白洋葱切丝。

3. 为了防止茄子氧化变色，将茄子切片后放入盐水中浸泡。

4. 西红柿去皮、切块；红椒去子、切丝或圈；蒜切末；烤箱预热至 180℃。

5. 锅里加橄榄油，烧热后用中、小火炒香蒜末、白洋葱丝，放入月桂叶、番茄红酱及西红柿块炒成糊状，加盐、黑胡椒粉调味。

6. 把西葫芦片及茄子片交错、整齐地摆放在锅里的白洋葱、西红柿块上。

7. 码好后，将红椒片插在其中，淋上橄榄油，撒适量迷迭香。

8. 加盖送入预热至 200℃的烤箱，以上、下火 180℃烤30 分钟。开盖，以上、下火200℃烤30 ~ 40 分钟即可。

9. 烤好后先不要拿出，在烤箱里放置 30 分钟，取出后用盐调味即完成。

**TIPS** 在西红柿顶部用刀划"十"字的原因是方便剥皮。

**⏱ 20 分钟**

**上火 180℃**
**下火 180℃**

**难易度:★**

 # 橘子南瓜烤菜

**原料**　橘子 4 个，小南瓜 1 个，红椒 80 克

**调料**　盐、糖各少许，橘子汁 30 毫升，牛奶 50 毫升，奶酪碎适量

**制作步骤 practice**

1. 橘子剥皮、掰瓣；南瓜去皮，切小块；红椒切小块；烤箱以 180℃预热。

2. 在橘子汁里面加入牛奶、盐、糖，作为调味汁。

3. 先在烤盘里铺上一层南瓜，再摆上橘子，最后淋入调味汁。

4. 撒上奶酪碎，放入预热至 180℃的烤箱中，以上、下火烤约 20 分钟。

# 蔬菜烤串

**原料**　口蘑 6 个，鸡肉 250 克，洋葱、青椒、红椒各 100 克，辣椒粉 10 克

**调料**　盐、黑胡椒粉各少许

**制作步骤 practice**

1. 口蘑对半切开，鸡肉切成小块，加盐、辣椒粉拌匀；洋葱、青椒、红椒均切小块。

2. 将青椒、红椒、洋葱、口蘑装入碗中，加入盐、黑胡椒粉，拌匀，腌渍片刻。

3. 将腌渍好的蔬菜与鸡肉自由组合穿成串，放入铺有锡箔纸的烤盘中。

4. 再放入预热至180℃的烤箱中，以上、下火烤约10分钟即可。

10 分钟

上火 180℃
下火 180℃
难易度：★★

# 风琴土豆片

**原料** 土豆 300 克，培根 200
克，白芝麻适量

**调料** 盐、胡椒粉各适量

⏱ 10 分钟

🌡 上火 250℃
下火 250℃

难易度：★

## 制作步骤 practice

1. 土豆洗净后去皮、
切片，但底部不切断。

2. 培根切成长方形块。

3. 将培根装入碗中，
加盐、白芝麻、胡椒
粉拌匀，放入土豆的
夹层中，再放烤盘上。

4. 将土豆培根盖好
锡箔纸，放入预热至
250℃的烤箱，用上、
下火烤 10 分钟即可。

#  奶酪焗土豆

**原料** 土豆2个，奶酪5片，培根50克

**调料** 盐、胡椒粉各适量

⏱ 12分钟

🌡
上火 180℃
下火 180℃

难易度：★

**制作步骤 practice**

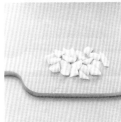

1. 将土豆去皮、洗净，再切滚刀块。将奶酪切丝。

2. 将土豆装入烤碗中，倒入少许清水，烤至熟，取出，倒出烤碗中的水。

3. 加入盐、胡椒粉，搅拌均匀。

4. 撒上培根丝、奶酪丝，放入预热至180℃的烤箱中以上、下火烤12分钟即可。

 # 薯类座谈会

20 分钟

上火 200℃
下火 200℃

难易度：★★

**原料**　红薯 150 克，紫薯 150 克，南瓜 100 克，土豆 100 克

**调料**　黄油 5 克，蜂蜜 5 克，盐 3 克，黑胡椒碎 1 克，橄榄油适量

## 制作步骤 practice

1. 将红薯、紫薯削皮。

2. 将南瓜、土豆削皮。

3. 将削皮的红薯、紫薯、南瓜、土豆均切成同等大小的长条。

4. 在红薯条、紫薯条、南瓜条上均匀地刷一层黄油。

5. 再涂抹一层蜂蜜。

6. 将土豆条放入盘中，刷上一层橄榄油。

7. 撒上盐和黑胡椒碎，抹匀。

8. 在烤盘上铺一层锡纸，将食材放在烤网上。

9. 放入预热至200℃的烤箱中层，以上、下火烤约20分钟即可。

**TIPS** 在烤盘上铺锡纸，是为了防止烤的过程中蜂蜜和油滴下来。

# 奶酪焗可乐饼

**原料** 面包糠 150 克，土豆 1 个，水煮蛋 2 个，蛋液 100 克，胡萝卜 50 克，玉米粒、青豆各 15 克

**调料** 盐 3 克，白胡椒粉 5 克，蛋黄酱 30 克，奶酪 4 片，食用油少许

⏱ 25 分钟

🌡
上火 250℃
下火 250℃
难易度：★★

## 制作步骤 practice

1. 土豆、胡萝卜切丁；奶酪切丁；水煮蛋切小丁。

2. 将青豆放入热水锅中煮至熟，捞出。

3. 土豆丁、胡萝卜丁、豌豆丁放入滚水中，煮至软。

4. 将煮熟的材料放入碗中，用勺子压成泥。

5. 碗中加入鸡蛋丁、奶酪丁。

6. 加入蛋黄酱、玉米粒、盐、白胡椒粉一起搅拌。

7. 取一大勺土豆泥，捏圆，依次裹一层蛋液和面包糠，放在刷油的烤盘上。

8. 置于预热至 250℃ 的烤箱中，以上、下火烤 20~25 分钟即可。

**TIPS** 如果烤盘上铺有锡纸，可以不用刷油。

**10 分钟**

上火 220℃
下火 220℃

难易度：★★

# 奶酪培根土豆丸子

**原料** 土豆 300 克，培根 3 片

**调料** 牛至叶粉、黑胡椒粉、盐各适量，大蒜 2 瓣，食用油少许，奶酪丝适量

## 制作步骤 practice

1. 土豆切片；蒜切末；培根切条。

2. 将土豆片蒸熟，捣成泥，加入培根条、盐、黑胡椒粉、牛至叶粉，搅匀呈泥状。

3. 焗碗表面刷一层食用油，用勺子将土豆泥塑成圆形，土豆球上放一层奶酪丝。

4. 将焗碗置入预热至220℃的烤箱，以上、下火烤约 10 分钟即可。

# 奶酪五彩烤南瓜盅

**原料** 南瓜盅1个，酱豆干粒、胡萝卜粒、青椒粒、彩椒粒、心里美萝卜粒各少许

**调料** 盐3克，鸡粉2克，奶酪粉、黄油各适量

## 制作步骤 practice

1. 炒锅中放入适量黄油，放入酱豆干粒、胡萝卜粒、心里美萝卜粒、彩椒粒、青椒粒。

2. 撒入盐、鸡粉，炒1分钟至食材入味，再装入南瓜盅内，撒入适量奶酪粉。

3. 将烤箱预热至220℃。

4. 将南瓜盅放入烤箱中，用上、下火烤约8分钟至熟即可。

8分钟

上火 220℃
下火 220℃

难易度：★

# 奶酪焗红薯

**原料** 红薯 2 个，鸡蛋 1 个

**调料** 牛奶 20 克，黄油 20 克，蜂蜜 10 毫升，奶酪条适量

⏱ 10 分钟

🌡 上火 180℃
下火 180℃

难易度：★

**制作步骤 practice**

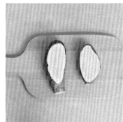

1. 红薯洗净，削掉一小块；奶酪片切条。

2. 将切好的红薯放入蒸锅，蒸熟。

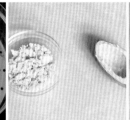

3. 将红薯肉全部挖出来，注意不能将表皮弄破。

4. 在挖出来的红薯肉中加入牛奶。

5. 加入一个鸡蛋。

6. 淋上黄油和蜂蜜，拌匀。

7. 将拌好的红薯再填入红薯壳中，压紧。

8. 将奶酪条放在红薯上，放入预热至 180℃的烤箱以上、下火烤约 10 分钟即可。

**TIPS** 红薯要挑选红心的，这样的红薯吃起来会更甜。

# 蔬菜总动员

| | |
|---|---|
| **原料** | 茄子 100 克，洋葱 1 个，西蓝花 100 克，口蘑 5 个，大蒜 1 头，红椒 100 克，南瓜 100 克 |
| **调料** | 橄榄油 10 毫升，盐 2 克，胡椒粉 3 克 |

⏱
20 分钟

🌡
上火 220℃
下火 220℃

难易度：★

**制作步骤 practice**

1.茄子切片；洋葱切成 4 瓣；南瓜切片；红椒切丝；大蒜切去顶部；西蓝花切块；口蘑对半切开。

2.把所有蔬菜装入碗中，加入适量橄榄油、胡椒粉、盐，拌匀腌渍一会儿。

3.将烤箱以上、下火 220℃预热；将烤架放在烤盘上，把蔬菜铺在烤架上。

4.将烤盘与烤架放入烤箱中，以上、下火烤 15~20 分钟。

# 香烤鲜菇

原料　金针菇 50 克，香菇 50 克，袖珍菇 50 克，高汤 500 毫升，葱花、蒜末各 5 克

调料　盐 2 克，黑胡椒粉 3 克

⏱
10 分钟

🌡
上火 180℃
下火 180℃
难易度：★★

## 制作步骤 practice

1. 锅中加入高汤，烧开后，放入袖珍菇、香菇、金针菇，煮入味。

2. 将各类菇捞出，放入葱花、蒜末、盐、黑胡椒粉，拌匀。

3. 碗内铺入一层锡箔纸，再放入拌好的各类菇。

4. 放入预热至 180℃ 的烤箱中，以上、下火烤约 10 分钟即可。

 **豆腐蔬菜杯**

15 分钟

上火 180℃
下火 180℃

难易度：★★

**原料**　豆腐 1/2 块，南瓜 1/3 块，洋葱 1/3 个，胡萝卜 1/3 根，鸡蛋 2 个

**调料**　淀粉、橄榄油各适量，盐、胡椒粉各少许

**制作步骤 practice**

1. 将南瓜、胡萝卜、洋葱均切成小粒。

2. 将豆腐装入碗中,捣成泥。

3. 加入盐、胡椒粉调味。

4. 在豆腐泥中放入南瓜粒。

5. 放入洋葱。

6. 放入胡萝卜,打入一个鸡蛋,加入淀粉,搅匀。

7. 在容器内壁上涂抹橄榄油。

8. 加入豆腐泥。

9. 置于已预热至180℃的烤箱中层,以上、下火烤10~15分钟。

**TIPS** 豆腐泥不能放太满,以防在烤的过程中溢出来。

 # 蔬菜鸡蛋羹

⏱
10 分钟

🌡
上火 200℃
下火 200℃

难易度：★★

**原料** 鸡蛋 3 个，胡萝卜 1/4 根，圣女果 5 个，黄椒 1/2
个，西蓝花 50 克，火腿肠少许，奶酪片适量

**调料** 牛奶 1 杯，盐少许，白胡椒粉少许

**制作步骤 practice**

1. 将鸡蛋打入碗中，加入盐、白胡椒粉。

2. 放入牛奶，搅打均匀。

3. 胡萝卜切小丁；西蓝花切小块；圣女果对半切开。

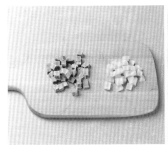

4. 黄椒切小丁；火腿肠切小丁。

5. 将切好的所有食材放入碗中，再倒入鸡蛋液，搅拌均匀。

6. 将搅拌好的鸡蛋液倒入烤杯中，不要装得太满。

7. 将奶酪片切成小块后，铺在蛋液表面。

8. 将烤盘放入预热至200℃的烤箱，以上、下火烤10分钟。

9. 烤至表面奶酪化开，鸡蛋液成形即可。

**TIPS**　这道菜里的蔬菜可根据自己的喜好自行加减。

 5 分钟

🌡️ 上火 180℃
下火 180℃

难易度：★

# 🍴 奶酪焗烤圣女果

**原料** 圣女果 70 克，玉米粒 40 克，豌豆 15 克，胡萝卜丁 15 克

**调料** 奶酪粉 15 克

## 制作步骤 practice

1. 将洗净的圣女果，去蒂后切去 1/4；用工具将果肉掏去。

2. 将洗净的豌豆、胡萝卜丁、玉米依次放入圣女果中。

3. 将圣女果放入铺有锡纸的烤盘中，撒上奶酪粉。

4. 将烤箱预热至180℃，烤盘放入烤箱中，用上、下火烤约 5 分钟即可。

# 拉丝洋葱圈

__原料__ 洋葱 1 个，面粉 50 克，面包糠 40 克，蛋液 50 克

__调料__ 奶酪 1 片

**制作步骤 practice**

1. 洋葱横切成厚度为 1 厘米左右的洋葱圈（洋葱表皮的一层薄膜最好去掉）。

2. 将奶酪片切成细条状；选出两个大小不同的洋葱圈，把奶酪条放在中间填满缝隙。

3. 准备好面粉、蛋液、面包糠，把洋葱圈依次裹上面粉、蛋液、面包糠。

4. 将洋葱圈放入预热至 180℃的烤箱中，以上、下火烤 10 分钟后即可。

⏱
10 分钟

🌡
上火 180℃
下火 180℃

难易度：★

迷迭香烤蒜

| 原料 | 大蒜（形状完好的）3 头 |
| --- | --- |
| 调料 | 黑胡椒碎、干迷迭香各 3 克，盐 2 克，橄榄油 10 毫升 |

⏱ 20 分钟

🌡
上火 180℃
下火 180℃
难易度：★

## 制作步骤 practice

1. 将大蒜剥去最外层的皮。

2. 切去大蒜顶端露出蒜肉。

3. 将大蒜放在铺有锡箔纸的烤盘中，在表面均匀地淋上橄榄油。

4. 均匀地撒上盐。

5. 撒上黑胡椒碎、干迷迭香。

6. 用锡箔纸包裹大蒜。

7. 将烤盘放入预热至180℃的烤箱中层，以上、下火烤约30分钟。

8. 揭去上层锡箔纸再烤20分钟即可。

**TIPS** 用锡箔纸包裹大蒜是为了使大蒜均匀受热。

# 香蕉热狗

**原料**　香蕉 2 根，培根 100 克

**调料**　化黄油 20 克，奶酪 2 片

🕐 5 分钟

🌡 上火 150℃
下火 150℃

难易度：★

**制作步骤 practice**

1. 将培根切成小丁、奶酪片切成丝。

2. 将香蕉剥皮后，在表面刷上一层化黄油。

3. 在香蕉上切一刀让其呈可夹心的热狗状，放入奶酪丝，再放上培根丁。

4. 放入预热至 150℃的烤箱中，以上、下火烤 5 分钟后取出即可。

# 迷你香蕉一口酥

**原料** 香蕉 2 根，墨西哥面皮 2 张

**调料** 蜂蜜、食用油各 15 毫升

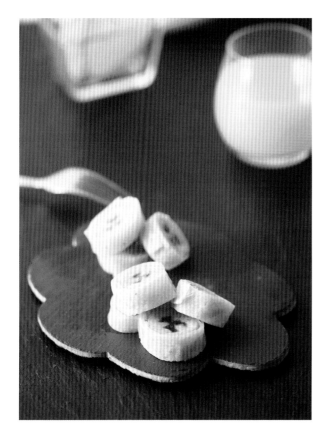

🕙 18 分钟

🌡 上火 150℃
下火 150℃

难易度：★

## 制作步骤 practice

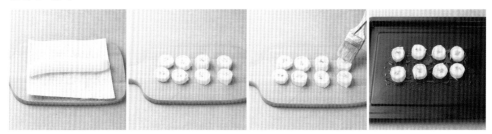

1. 香蕉剥去皮后，放在面皮的一端，然后将面皮卷起，做成面皮香蕉卷。

2. 将其切成 2 厘米左右宽的小段。

3. 表面刷上食用油，再放入烤盘中。

4. 将烤盘放入预热至 150℃的烤箱中，以上、下火烤 8 分钟后，刷蜂蜜续烤 10 分钟即可。

# 酥烤牛油果

原料　牛油果1个，面粉、燕麦片各80克，鸡蛋液60克

调料　盐2克，胡椒粉3克

⏱ 6分钟

🌡 上火200℃
下火200℃

难易度：★★

## 制作步骤 practice

1. 牛油果去皮后切条，撒上盐、胡椒粉。

2. 将牛油果先裹上面粉、再裹上蛋液。

3. 在密封袋里装上燕麦片，将牛油果放入其中并摇晃，使其均匀包裹燕麦片。

4. 将烤箱预热至200℃。将牛油果放在铺有锡箔纸的烤盘上，以上、下火烤约6分钟。

# 法式焗苹果

**原料**　苹果 2 个

**调料**　黄油、白糖各 15 克，朗姆酒适量

⏱ 15 分钟

🌡
上火 180℃
下火 180℃

难易度：★

## 制作步骤 practice

1. 在苹果根部划一个直径为 2 厘米的圆，剔除果核，不要挖空。

2. 在挖空的苹果中填入黄油。

3. 放入白糖，再倒入朗姆酒。

4. 将苹果放入烤盘中，放入预热至 180℃ 的烤箱中，以上、下火烤 15 分钟即可。

*Chapter 5*

# 花样多变的美味主食

每次去快餐店，
看到香喷喷的比萨、浓香四溢的焗饭，
总也忍不住大快朵颐。
其实这些美食做起来并不难，
只需备好烤箱、食材，
按着本章所介绍的步骤，
你做的主食的味道也可以赛过美食店里的食物。

# 彩椒焗饭

**原料**　红椒、黄椒各 1 个，牛肉 100 克，洋葱半个，青豆 50 克，
米饭 100 克

**调料**　食用油适量，盐 2 克，黑胡椒粉 3 克，奶酪粉 1 小匙，奶酪
2 片

⏱ 15 分钟

🌡 上火 180℃
下火 180℃

难易度：★★

## 制作步骤 practice

1. 红椒和黄椒均切
去一个带柄的盖，
挖出子。

2. 牛肉切小块，洋葱
切小块。

3. 锅中放入适量食用
油，下牛肉翻炒。

4. 放入洋葱、青豆，
炒匀。

5. 放入米饭、盐、黑
胡椒粉、奶酪粉，炒
匀。

6. 将炒好的米饭填入
彩椒中。

7. 铺入奶酪。

8. 将菜椒盖上盖后，
放入预热至 180℃ 的
烤箱中，以上、下火
烤约 15 分钟，待奶
酪化开即可。

**TIPS**　吃的时候可以撒一点奶酪粉，这样味道会更好。

# 辣白菜焗饭

**原料** 冷米饭 200 克，辣白菜 80 克，胡萝卜半根，黄豆芽 50 克，

**调料** 食用油适量，盐 3 克，奶酪丝适量

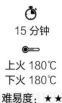

⏱
15 分钟

🌡
上火 180℃
下火 180℃

难易度：★★

**制作步骤 practice**

1. 胡萝卜去皮、切丝；黄豆芽去根。

2. 辣白菜切碎备用，烤箱以上、下火 180℃预热。

3. 锅中倒油烧热，大火烧至五成热，依次放胡萝卜丝、黄豆芽，炒至软。

4. 加入辣白菜和其汤汁翻炒两分钟。

5. 将米饭加入锅中，炒散后，加盐调味。

6. 将炒饭盛入焗碗中。

7. 在表面撒一层奶酪丝。

8. 放入已预热的烤箱中层，以上、下火烤 12~15 分钟即可。

**TIPS** 奶酪可选用马苏里拉奶酪，拉丝的效果会更好。

# 洋葱圈焗饭

**原料** 米饭 200 克，洋葱 2 个，黄椒 25 克，青椒 15 克，罐装鲮鱼罐头 1 盒，肉酱 30 克

**调料** 食用油少许，奶酪 4 片，盐适量

⏱
15 分钟

🌡
上火 180℃
下火 180℃

难易度：★

## 制作步骤 practice

1. 洋葱上、下各切掉 1/3，取外圈洋葱圈留用，其他切细丝；黄椒、奶酪切条；青椒切丁。

2. 将压碎的鲮鱼、青椒粒、米饭一起拌匀，把米饭压成圆饼形后填入洋葱圈中。

3. 烤盘上刷一层油，放入饭饼，铺上黄椒条和洋葱丝，淋上肉酱。

4. 放上奶酪条，放入预热至 180℃的烤箱中，以上、下火烤约 10 分钟，至表面呈金黄色即可。

# 日 式 烤 饭 团

**原料** 热米饭 200 克，肉松 15 克，金枪鱼罐头 1 盒，海苔 4 片，芝麻 5 克

**调料** 日式酱油 8 毫升

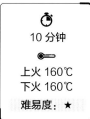

🕐

**10 分钟**

🌡

**上火 160℃**
**下火 160℃**

**难易度：★**

## 制作步骤 practice

1. 沥干金枪鱼肉的油水，捣碎；将海苔剪成小片。

2. 将热米饭放入碗中，加入肉松、金枪鱼肉、海苔片芝麻日式酱油、金枪鱼罐头汁拌匀。

3. 将米饭分成 6 等份，团成球，放入铺有锡箔纸的模具中。

4. 放入预热至 160℃ 的烤箱中层，以上、下火烤 8~10 分钟即可。

# 鸡翅包饭

**原料** 鸡翅 3 个（鸡翅中及翅尖连在一起），胡萝卜丁 100 克，洋葱粒丁 80 克，米饭适量

**调料** 烤肉酱 30 克，食用油 10 毫升，韩式辣酱 15 克，盐 2 克，胡椒粉 5 克

⏱ 25 分钟

🌡
上火 200℃
下火 200℃

难易度：★★

**制作步骤 practice**

1. 将鸡翅肉与骨分开；取一个矿泉水瓶，剪去 2/3 不用，留瓶嘴；烤箱预热备用。

2. 热锅注油，放入洋葱丁、胡萝卜丁炒至变色后，放入米饭、盐、胡椒粉、韩式辣酱炒匀后盛出。

3. 将矿泉水瓶的瓶嘴插入鸡翅中内，将米饭借助瓶嘴塞进鸡翅中，用牙签将鸡翅口封上。

4. 在鸡翅刷烤肉酱，放入预热至 200℃ 的烤箱中，以上、下火烤 20 分即可。

#  培根番茄酱焗意面

**原料** 蝴蝶形意大利面100克，洋葱丝50克，培根3片，西蓝花80克

**调料** 橄榄油少许，盐2克，番茄汁100毫升，黑胡椒碎2克，奶酪丝50克

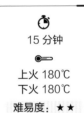

⏱
15 分钟

🌡
上火 180℃
下火 180℃

难易度：★★

## 制作步骤 practice

1. 将意大利面放入沸水锅，加盐后用大火煮7~8分钟，沥干水分，加橄榄油拌匀。

2. 西蓝花切小块；培根切小块；洋葱切丝。

3. 将培根、西蓝花、洋葱、意大利面装入碗中，依次加入番茄汁、盐和黑胡椒碎调味，拌匀。

4. 将拌好的面放入焗碗，撒奶酪丝后，置于预热至180℃的烤箱中层，以上、下火烤10~15分钟即可。

# 焗烤金枪鱼通心粉

**原料**　罐装金枪鱼60克,玉米粒50克,通心粉200克,青椒、红椒、洋葱各70克,火腿50克,熟鸡蛋1个

**调料**　蛋黄酱30克,胡椒碎3克,盐2克,橄榄油适量,奶酪碎20克

15分钟

上火200℃
下火200℃

难易度：★★

**制作步骤 practice**

1. 将通心粉煮约10分钟。

2. 将火腿切条；将熟鸡蛋切丁。

3. 将青椒、红椒切丁,洋葱切末。

4. 锅内注入适量橄榄油,下入所有食材(除金枪鱼、通心粉外)翻炒,待散发出香味后盛入碗中。

5. 加入通心粉和金枪鱼肉。

6. 依次加入蛋黄酱、盐、胡椒碎拌匀。

7. 将食材放入铸铁碗中,在表面撒奶酪碎。

8. 放入预热至200℃的烤箱内,以上、下火烤约10~15分钟,待奶酪化开即可。

---

**TIPS**　煮通心粉和通心粉时,最好能加入少许盐,这样面条的质地会更紧实有弹性。

 # 意式烤年糕

🕐 20 分钟

🌡 上火 200℃
下火 200℃

难易度：★★

**原料** 年糕 300 克，口蘑 3 个，培根 3 片，洋葱半个，红椒 1 个，黄椒 1 个，蒜末少许

**调料** 黄油 20 克，胡椒粉 3 克，盐 2 克，牛奶半杯，奶酪碎适量

**制作步骤 practice**

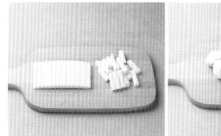

1. 将粘在一起的年糕分开。

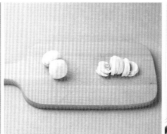

2. 将口蘑切片，培根切条，洋葱、黄椒、红椒切丝。烤箱预热至200℃。

3. 锅中放入黄油，待化开后，再放入蒜末。

4. 放入洋葱、培根。

5. 加入胡椒粉、盐，炒至微熟。

6. 倒入年糕、口蘑。

7. 加入黄椒、红椒、牛奶，继续翻炒。

8. 将锅中的食物盛入焗碗中，撒上奶酪碎。

9. 放入预热好的烤箱中，以上、下火烤约20分钟即可。

**TIPS** 如果买来的年糕较硬，可以先用温水泡软。

# 韩式泡菜焗馄饨

**原料** 馄饨 18 个，韩式泡菜 150 克，白洋葱 35 克

**调料** 高汤 80 毫升，奶油 20 毫升，韩式辣酱 40 克，奶酪 4 片

⏱
**20 分钟**

🌡
**上火 200℃**
**下火 200℃**

**难易度：★★**

### 制作步骤 practice

1. 将馄饨放入锅中煮熟后捞出、备用。

2. 将白洋葱切片；将奶酪切丝。烤箱预热至 200℃。

3. 在焗碗内刷上一层奶油。

4. 依次放入洋葱片、馄饨。

5. 放入泡菜，倒入高汤。

6. 均匀涂抹韩式辣酱。

7. 撒上奶酪丝。

8. 放入已预热的烤箱中，以上、下火烤约 20 分钟，待奶酪化开即可。

**TIPS** 如果家里没有高汤，也可以将煮过馄饨的汤倒入焗碗中。

# 芝麻奶香焗馒头

**原料** 玉米面馒头 1 个，白面
馒头 1 个，黑芝麻少许

**调料** 奶油 25 克，奶酪 4 片

⏱ 15 分钟

🌡

上火 200℃
下火 200℃

难易度：★

## 制作步骤 practice

1. 将玉米面馒头与
白面馒头均切成四等
份；将奶酪片切丝；
烤箱以 200℃ 预热。

2. 在烤盘内刷一层
奶油。

3. 放上切好的馒头，
在馒头上刷上奶油、
撒上奶酪丝和黑芝麻。

4. 将馒头放入已预热
的烤箱中，以上、下
火烤 10~15 分钟，至
外观呈金黄色即可。

# 脆皮烤年糕

**原料**　年糕 50 克，馄饨皮 50 克，蛋黄 2 个，白芝麻 10 克

**调料**　食用油适量

🕐
15 分钟

🌡
上火 170℃
下火 170℃

难易度：★

## 制作步骤 practice

1. 蛋黄中注入少许清水，制成蛋黄液；将年糕放入馄饨皮中，卷起来。

2. 再抹上适量蛋黄液，将接口粘紧。将蛋黄液涂抹在年糕上，撒上白芝麻。

3. 烤盘铺上锡纸，刷上食用油，放入年糕。

4. 将烤箱预热至170℃，放入烤盘，用上、下火烤 15 分钟即可。

 # 鲜蔬虾仁比萨

⏱
**10 分钟**

🌡
上火 200℃
下火 200℃

难易度：★★★

**面皮** 高筋面粉 200 克，酵母 3 克，黄油 20 克，水 80 毫升，盐 1 克，白糖 10 克，鸡蛋 1 个

**馅料** 西蓝花 45 克，虾仁、玉米粒、番茄酱各适量，奶酪碎 40 克

**制作步骤 practice**

1. 将高筋面粉倒在案台上，用刮板开窝。

2. 加入水、白糖，搅匀。

3. 加入酵母、盐，搅匀。

4. 放入鸡蛋，搅散。

5. 刮入高筋面粉，混合均匀。

6. 加入黄油，混匀。

7. 将混合物揉成光滑的面团。

8. 取一半面团，用擀面杖擀成圆饼状面皮。

9. 将面皮放入比萨圆盘中，稍加修整，使面皮与比萨圆盘完整贴合。

10. 用叉子在面皮均匀地扎些小孔。将处理好的面皮放置常温下发酵 1 小时。

11. 在面皮上铺玉米粒、切小块的西蓝花、虾仁，挤上番茄酱，撒上奶酪碎，即为比萨生坯。

12. 将温度调至上、下火 200℃预热烤箱。放入比萨生坯，烤 10 分钟至熟即可。

**TIPS** 扎小孔的时候记得要分布密集且均匀，这样能防止烤制时面皮起泡。

 # 田园风光比萨

🕐
10 分钟

🌡️
上火 200℃
下火 200℃

难易度：★★★

**面皮** 高筋面粉 200 克，酵母 3 克，黄油 20 克，水 80 毫升，盐 1 克，白糖 10 克，鸡蛋 1 个

**馅料** 鸡蛋 1 个，洋葱丝 20 克，玉米粒 30 克，香菇片 20 克，胡萝卜丝 30 克，黑胡椒粉适量，奶酪碎 40 克

**制作步骤 practice**

1. 将高筋面粉倒在案台上，用刮板开窝。加入水、白糖，搅匀。

2. 加入酵母、盐，搅匀。

3. 放入鸡蛋，搅散。

4. 刮入高筋面粉，混合均匀。

5. 倒入黄油，混匀。

6. 将混合物搓揉成光滑的面团，取一半面团，用擀面杖擀成圆饼状面皮。

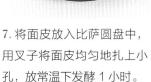

7. 将面皮放入比萨圆盘中，用叉子将面皮均匀地扎上小孔，放常温下发酵 1 小时。

8. 在发酵好的面皮上倒入打散的蛋液，撒上黑胡椒粉，放上玉米粒、洋葱丝、香菇片、胡萝卜丝、奶酪碎，即为比萨生坯。

9. 将温度调至 200℃，预热烤箱。将比萨生坯放入预热好的烤箱中，用上、下火烤 10 分钟至熟即可。

**TIPS** 若没有高筋面粉，可用普通面粉代替。

# 泡面比萨

**原料**　泡面 120 克，虾仁 200 克，胡萝卜 80 克，青豆 150 克，培根 150 克，姜片少许

**调料**　比萨酱 30 克，料酒 5 毫升

⏱
15 分钟

上火 230℃
下火 230℃

难易度：★★

## 制作步骤 practice

1. 将胡萝卜洗净切薄片；将培根切小片；将青豆洗净后备用。

2. 将虾仁放入碗中，放入姜片、料酒拌匀，腌渍至入味。

3. 泡面煮散后立刻捞出，沥干水分。

4. 加入调味包和蔬菜包拌匀。

5. 将泡面倒入圆形烤盘中，铺平。

6. 将切好的培根片均匀地放在泡面上。

7. 摆上胡萝卜片、青豆。

8. 放上虾仁，再抹上比萨酱，抹平。放入预热至 230℃的烤箱中，以上、下火烤 15 分钟后取出即可。

**TIPS**　如果家中没有做比萨用的比萨酱，可用番茄酱代替。

 **奥尔良风味比萨**

⏱ 10 分钟

🌡 上火 200℃
下火 200℃

难易度：★★★

**面皮** 高筋面粉 200 克，酵母 3 克，黄油 20 克，水 80 毫升，盐 1 克，白糖 10 克，鸡蛋 1 个

**馅料** 瘦肉丝 50 克，玉米粒 40 克，青椒丁、红椒丁各 40 克，洋葱丝 40 克，奶酪碎 40 克

**制作步骤 practice**

1. 将高筋面粉倒在案台上，用刮板开窝。加入水、白糖，搅匀。

2. 加入酵母、盐，搅匀。

3. 放入鸡蛋，搅散。

4. 刮入高筋面粉，混合均匀。

5. 倒入黄油，混匀。

6. 将混合物搓揉成光滑的面团。取一半面团，用擀面杖擀成圆饼状面皮。

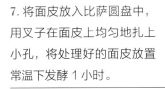

7. 将面皮放入比萨圆盘中，用叉子在面皮上均匀地扎上小孔，将处理好的面皮放置常温下发酵 1 小时。

8. 在发酵好的面皮上撒入玉米粒及洋葱丝。放入青椒丁、红椒丁。加入瘦肉丝。撒上奶酪碎，即为比萨生坯。

9. 将上、下火温度调至200℃预热烤箱。将比萨生坯放入预热好的烤箱中，烤10分钟至熟即可。

**TIPS** 瘦肉丝可以事先用调料腌渍一会儿，会使烤出的比萨味道更香。

 # 黄桃培根比萨

⏱
10 分钟

🌡
上火 200℃
下火 200℃

难易度：★★★

**面皮** 高筋面粉 200 克，酵母 3 克，黄油 20 克，水 80 毫升，盐 1 克，白糖 10 克，鸡蛋 1 个

**馅料** 黄桃块 80 克，培根片 50 克，黄椒丁、红椒丁、青椒丁各 40 克，洋葱丝 30 克，沙拉酱 20 克，奶酪碎 40 克

**制作步骤 practice**

1. 将高筋面粉倒在案台上，用刮板开窝。

2. 加入水、白糖，搅匀。

3. 加入酵母、盐，搅匀。

4. 放入鸡蛋，搅散。

5. 刮入高筋面粉，混合均匀。

6. 倒入黄油，混匀。

7. 将混合物揉成光滑的面团。

8. 取一半面团，用擀面杖擀成圆饼状面皮。

9. 将面皮放入比萨圆盘中，稍加修整，使面皮与比萨圆盘完全贴合。

10. 用叉子在面皮均匀地扎些小孔，将处理好的面皮放置常温下发酵 1 小时。

11. 将馅料放在发酵好的面皮上，即为比萨生坯。

12. 预热烤箱，温度调至上、下火 200℃。将比萨生坯放入烤箱中，烤 10 分钟至熟即可。

**TIPS** 可依个人喜好，适当增加沙拉酱的用量。

 **意大利比萨**

10 分钟

上火 200℃
下火 200℃

难易度：★★★

**面皮** 高筋面粉 200 克, 酵母 3 克, 黄油 20 克, 水 80 毫升,
盐 1 克, 白糖 10 克, 鸡蛋 1 个

**馅料** 黄椒丁、红椒丁、香菇片各 30 克, 虾仁 60 克,
鸡蛋 1 个, 洋葱丝 40 克, 炼乳 20 克, 白糖 30 克,
番茄酱适量, 奶酪碎 40 克

**制作步骤 practice**

1. 高筋面粉倒在案台上，用刮板开窝。

2. 加入水、白糖搅匀。

3. 加入酵母、盐搅匀。

4. 放入鸡蛋，搅散。

5. 刮入高筋面粉，混合均匀。

6. 倒入黄油，混匀。

7. 将混合物揉成光滑的面团。

8. 取一半面团，用擀面杖擀成圆饼状面皮。

9. 将面皮放入比萨圆盘中，稍加修整，使面皮与比萨圆盘完全贴合。

10. 用叉子在面皮均匀地扎些小孔。将处理好的面皮放置常温下发酵1小时。

11. 在发酵好的面皮上，倒入打散的蛋液，放上所有的馅料，即为比萨生坯。

12. 将上、下火温度调为200℃，预热烤箱。将比萨生坯放入烤箱中，烤10分钟即可。

**TIPS** 可依个人喜好，不加入白糖。

## *Chapter 6*

# 刷屏朋友圈的点心、零食

每一个"肤浅"的吃货，
都有一颗拍摄美食并将照片上传朋友圈的私心。
而一名真正的资深吃货，
不仅会享受生活，也更喜欢"创造"生活，
会在亲手 DIY 各类点心、零食的过程中，
体会到一种无法言喻的成就感。

# 豆腐蛋糕

原料　内酯豆腐 1 块，葡萄干 20 克，核桃仁 20 克，鸡蛋 2 个，白糖 10 克，酸奶 15 毫升

工具　电动搅拌器 1 台

15 分钟

上火 200℃
下火 200℃

难易度：★★

## 制作步骤 practice

1. 从盒子中取出豆腐，冲一遍水，将豆腐装入碗中。

2. 在装有豆腐的碗中倒入酸奶。

3. 打入 2 个鸡蛋。

4. 将步骤 3 中的原料倒入不锈钢盆中，用电动搅拌器搅打均匀。

5. 放入白糖。

6. 放入葡萄干、核桃仁，搅拌均匀。

7. 将蛋糕浆倒入可在烤箱中加热的烤碗里。

8. 将烤碗放入预热至200℃的烤箱中，以上、下火烤 15 分钟即可。

**TIPS** 　将蛋糕浆倒入烤碗时，注意不要倒得太满，以防在烤的过程中溢出。

# 蒜香吐司条

**原料** 法棍半根，大蒜 4 瓣，法香适量，黄油 10 克，盐 1 克

**工具** 面包刀 1 把

🕐
10 分钟

🌡️
上火 180℃
下火 180℃

难易度：★

## 制作步骤 practice

1. 将黄油置于室温下软化（提前从冰箱中取出）；法棍斜切成约 3 厘米厚的片。

2. 将法香洗净、切碎；将大蒜切成碎末。

3. 将烤箱预热至 180℃。将蒜末、法香碎、黄油、盐拌匀后涂抹在法棍片表面。

4. 将法棍放在烤盘上，放进烤箱以 180℃ 烘烤 10 分钟，取出即可。

# 桂花糖烤栗子

**原料** 板栗 240 克，桂花蜜 40 克，白糖 20 克，食用油适量

**工具** 刷子 1 把

30 分钟

上火 150℃
下火 150℃

难易度：★

## 制作步骤 practice

1. 用刀在洗净的板栗上切开一个口子。

2. 将白糖装入碗中，倒入少许温水，搅匀至溶化，放入桂花蜜，制成糖浆，待用。

3. 将烤箱预热至150℃。将板栗放入烤盘中，刷食用油后放入烤箱中以上、下火烤25 分钟至七八成熟。

4. 取出烤盘，在板栗上均匀刷上糖浆，再烤 5 分钟至熟透入味即可。

# 推推乐

⏱ 50 分钟

🌡

上火 150℃
下火 150℃

难易度：★ ★ ★

**原料** 鸡蛋 5 个，低筋面粉 90 克，细砂糖 66 克，玉米油 46 毫升，柠檬汁 3 毫升，动物奶油 250 克，水 46 毫升，糖粉 10 克，水果适量（猕猴桃、草莓、芒果）

**工具** 6 寸戚风蛋糕模具、分片器、推推乐模具、裱花袋、锯齿刀 1 把，电动搅拌器 1 个

## 制作步骤 practice

1. 将鸡蛋蛋白和蛋黄分离后，将蛋白放到冰箱冷藏；将低筋面粉过筛两遍。

2. 在蛋黄里加入26克细砂糖搅匀；慢慢加入玉米油，打匀；加入水，搅拌均匀。

3. 加入低筋面粉拌匀，拌到至看不到干粉即停（新手可以分两三次加入）。

4. 将蛋白打发至发泡时滴入柠檬汁，分3次加入40克细砂糖，打至干性。

5. 取1/3的干性蛋白加入蛋黄糊里拌匀，再把面糊全部倒入剩下的蛋白中拌匀。

6. 把面糊倒入模具中，轻轻晃动几下，放入预热至150℃的烤箱中下层烤50分钟。

7. 烤好后取出戚风蛋糕，将其倒扣脱模。

8. 待戚风蛋糕冷却，用锯齿刀把戚风蛋糕横切成片。

9. 将250克动物奶油倒入容器中，加糖粉，用电动搅拌器打发后，装入裱花袋。

10. 用推推乐模具在切好的蛋糕片上印出蛋糕圆片。

11. 用刀将猕猴桃、草莓、芒果切成小块。

12. 按照一层蛋糕片、一层奶油、一层水果的方式将食材填入模具中，盖盖即可。

**TIPS** 推推乐做好后放冰箱冷藏，加入新鲜水果的推推乐最好在当天食用完毕。

 **果丹皮**

**原料** 新鲜山楂 800 克，细砂糖 100 克

**工具** 橡皮刮刀 1 把，抹刀 1 把

⏱
60 分钟

🌡
上火 150℃
下火 150℃

难易度：★★

**制作步骤** practice

1. 山楂洗净、去核，切成小块。

2. 将山楂块、细砂糖倒进锅里，加适量清水。

3. 熬至山楂变软后关火。

4. 将山楂用料理机搅成果酱。

5. 将果酱倒入锅内继续加热，用橡皮刮刀搅拌至果酱浓稠、不滴落。

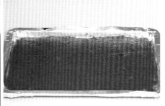

6. 将烤箱预热至 150℃，将果酱倒入铺有锡纸的烤盘内用抹刀抹平后，放入烤箱中层。

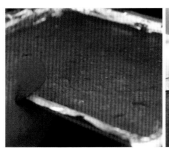

7. 用上、下火烤 60 分钟左右至表面干爽，取出。

8. 放凉后，将整张果丹皮揭下。

9. 切掉四周不平整的地方，切成片，卷成卷即可。

**TIPS** 最好使用非金属的锅熬煮山楂。

15 分钟

上火 190℃
下火 190℃

难易度：★

# 香烤玉米

**原料** 玉米 2 根，蜂蜜 2 汤匙，化黄油 2 汤匙

**工具** 刷子 1 把，锡纸 1 张

**制作步骤** practice

1. 将玉米放入锅中，加水没过玉米，煮约 8 分钟后，用纸巾擦去玉米表面水分。

2. 将蜂蜜和适量清水调匀，做成蜂蜜水，用刷子在玉米表面刷上蜂蜜水。

3. 刷一层化黄油。

4. 将玉米置于烤架上，放入预热至 190℃的烤箱中，以上、下火烤约 15 分钟。

# 香烤红薯

<u>原料</u>　红薯 5 个

<u>工具</u>　锡纸 1 张

**制作步骤 practice**

   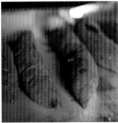

1. 将红薯洗净后，用纸巾擦去表面的水分。在烤盘垫张锡纸，放上红薯。

2. 将烤箱预热至 250℃。

3. 将烤盘放入烤箱中层。

4. 根据红薯大小将烘烤时间调整为 30 分钟，烤至表面有糖汁析出即可。

⏱ 30 分钟

🌡 上火 250℃
下火 250℃

难易度：★

# 牛肉干

**原料** 牛腿肉 800 克, 姜 3 片, 白糖 10 克, 老抽 15 克, 生抽 5 克, 香叶 3 片, 花椒 5 克, 料酒 30 毫升, 五香粉 1 克, 咖喱粉 1 克, 辣椒粉 2 克

**工具** 冰箱 1 台

⏱ 30 分钟

🌡
上火 130℃
下火 130℃

难易度: ★

### 制作步骤 practice

1. 将牛腿肉洗净, 切成手指粗的条状。

2. 将牛肉条放入锅中, 加入冷水。

3. 放入香叶、花椒、姜片、料酒。

4. 不盖盖煮至水开后撇去浮沫, 盖上盖子继续煮至牛肉熟烂。

5. 捞出牛肉条, 沥干水分备用。

6. 将老抽、生抽、白糖、咖喱粉、五香粉、辣椒粉混合拌匀。

7. 将调料汁与牛肉条拌匀, 冷藏腌制一会儿, 再倒入锅中用小火收干汤汁。

8. 烤箱以 140℃预热, 实际烘烤时以 130℃烤 30 分钟即可。

**TIPS** 用来制作牛肉干的牛肉要选没有肥肉、没有筋的。

**原料** 低筋面粉 250 克，黄油 140 克，糖粉 60 克，鸡蛋 1 个

**工具** 电动搅拌器 1 个，过筛器 1 个，橡皮刮刀 1 个，烘焙垫 1 块，擀面杖 1 根，饼干模具 3 个

⏱ 10 分钟

🌡 上火 170℃
下火 170℃

难易度：★★

## 制作步骤 practice

1. 将糖粉加入到黄油中，搅拌均匀。

2. 将鸡蛋放入加有糖粉的黄油中，搅拌均匀。

3. 将低筋面粉筛入搅拌好的黄油中，搅拌均匀。

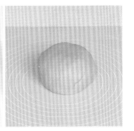

4. 揉成光滑的面团。

5. 将面团装入保鲜袋，冷藏半小时后拿出，用擀面杖把面团擀成硬币厚薄的片。

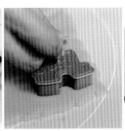

6. 用饼干模具刻出自己想要的形状。

7. 将烤箱预热至170℃，在烤盘铺 1 张烤纸后，将饼干坯按顺序放好。

8. 放入烤箱，上、下火 170℃ 烤 10 分钟左右。

**TIPS** 面团一定要放入冰箱冷藏，不然很难将其擀成片。

141

 # 美式巧克力豆饼干

⏱️
20 分钟

🌡️
上火 170℃
下火 170℃

难易度：★★★

**原料** 黄油 120 克，糖粉 15 克，细砂糖 35 克，低筋面粉 170 克，杏仁粉 50 克，可可粉 30 克，盐 1 克，鸡蛋 1 个，巧克力豆适量

**工具** 电动搅拌器、长柄刮板、筛网各 1 个，锡纸 1 张

## 制作步骤 practice

1. 将黄油装入大碗中，室温软化。

2. 加入盐、糖粉，用电动搅拌器混合均匀。

3. 分两次加入细砂糖，混合均匀。

4. 分两次倒入搅好的蛋液，边倒边进行搅拌。

5. 加入混合、过筛后的低筋面粉、杏仁粉、可可粉，分两次加入。

6. 每次都用刮刀切拌均匀，直到看不见干粉。

7. 倒入巧克力豆，拌匀，和成面团，成形即可，不要过度搅拌。

8. 在烤盘上铺上锡纸，把面团分成若干个单个重量为17克的小面团，搓圆，用手掌稍微压平后放入烤盘中。

9. 将烤盘放入预热至170℃的烤箱，以上、下火烤20分钟至熟，取出即可。

---

**TIPS** 饼干的厚度要一致。

# 瓜子仁脆饼

**原料** 蛋白 80 克，细砂糖 50 克，低筋面粉 40 克，瓜子 100 克，奶油 25 克，奶粉 10 克

**工具** 电动搅拌器、烤箱铁架、刮板各 1 个，刀、尺子各 1 把，耐高温烤箱布 1 块

⏱ 23 分钟

🌡 上火 150℃ 下火 150℃

难易度：★★

## 制作步骤 practice

1. 把蛋白、细砂糖倒在一起，用电动搅拌器中速打至砂糖完全溶化。

2. 加入低筋面粉，放入瓜子、奶粉，拌匀至无粉粒。

3. 加入化开的奶油，搅匀即为饼干糊。

4. 将饼干糊倒在铺有烤箱布的烤箱铁架上。

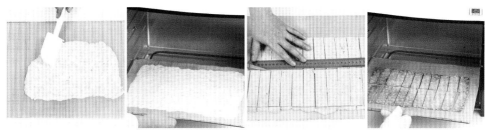

5. 利用刮板将饼干糊抹至厚薄均匀。

6. 将烤箱铁架放入预热至 150℃ 的烤箱，以上、下火烤 15 分钟，烤干表面后取出。

7. 借助尺子在案台上将整张脆饼分切成若干个长方形脆饼后，放入烤箱继续烤。

8. 烤 8 分钟至脆饼完全熟透、两面呈金黄色，取出冷却即可。

**TIPS** 将面团多揉一会儿，可以使瓜子与面团混合得更均匀。

# 香蕉玛芬

**原料**　低筋面粉 100 克，鸡蛋 30 克，牛奶 65 毫升，香蕉 120 克，泡打粉 5 克，玉米油 30 毫升，白糖 20 克，红糖 20 克

**工具**　玛芬杯 4 个，打蛋器 1 个，筛子 1 个

⏱ 30 分钟

🌡
上火 170℃
下火 170℃

难易度：★★

## 制作步骤 practice

1. 将香蕉去皮，切下 4 片香蕉片备用，剩下的压成泥状。

2. 将鸡蛋打散，再加入牛奶，轻轻地搅拌。

3. 加入适量玉米油，倒入适量白糖、红糖，搅拌均匀。

4. 加入到压好的香蕉泥里搅拌均匀。

5. 将低筋面粉、泡打粉混合、过筛至步骤 4 的香蕉泥中，轻轻地搅拌均匀。

6. 将搅拌好的面糊装入玛芬杯中，八分满即可。

7. 在表面盖上香蕉片后，放在烤盘上。

8. 将烤箱提前预热到 170℃，放入烤盘，上、下火烤 30 分钟，烤至蛋糕上色，膨胀、开裂即可。

**TIPS**　步骤 5，搅拌时，切不可太过用力，也不可搅拌太长时间。

# 手指饼干

原料　低筋面粉 60 克，细砂糖 37 克，鸡蛋 1 个

工具　打蛋器、中号裱花嘴、裱花袋、筛子、鸡蛋分离器各 1 个，
油纸 1 张

⏱ 25 分钟

🌡 上火 160℃
下火 160℃

难易度：★★

**制作步骤 practice**

1. 将低筋面粉过筛，
备用。

2. 分离蛋白和蛋黄。

3. 将 27 克细砂糖分
三次加入蛋白中打发
至干性发泡。

4. 在蛋黄中加剩余细
砂糖打发至略发白、
呈浓稠状。

5. 将打发后的蛋白和
蛋黄混合均匀。

6. 加入面粉，翻拌均
匀至看不见干粉，即
为饼干浆。

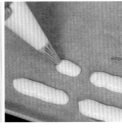

7. 将饼干浆装入套有
裱花嘴的裱花袋中，
在铺有油纸的烤盘上
挤出大小均匀的长条。

8. 放入预热至 160℃
的烤箱中层，用上、
下火烤 25 分钟，至
表面金黄即可。

**TIPS**　蛋白一定要打发干性发泡的程度。

 **娃娃饼干**

**原料** 低筋面粉 110 克，黄油 50 克，鸡蛋 25 克，糖粉 40 克，盐 2 克，巧克力液 130 克

**工具** 刮板、圆形模具各 1 个，擀面杖、竹扦各 1 根，耐高温烤箱布 1 块

⏱
15 分钟

🌡
上火 170℃
下火 170℃

难易度：★★

**制作步骤 practice**

1. 把低筋面粉倒在案台上，用刮板开窝。

2. 倒入糖粉、盐，加入鸡蛋，搅匀。

3. 放入黄油，将材料混合均匀，揉搓成光滑的面团。

4. 用擀面杖把面团擀成0.5厘米厚的面皮。

5. 用圆形模具压出数个饼坯。

6. 在烤盘上铺一块烤箱布，放入饼坯。

7. 放入预热至170℃的烤箱以上、下火烤15分钟至熟。

8. 取出烤好的饼干。

9. 将烤盘放在案台上，让饼干稍稍冷却。

10. 将饼干的1/3浸入巧克力液中，制造出头发状。

11. 用竹扦沾上巧克力液，在饼干上画出眼睛、鼻子和嘴巴。

12. 把饼干装入盘中即可。

**TIPS** 揉面团的时间不要太久，以免影响饼干酥松的口感。

# 椰蓉蛋酥饼干

**原料**　低筋面粉 150 克，奶粉 20 克，鸡蛋 4 克，盐 2 克，细砂糖 60 克，黄油 125 克，椰蓉 50 克

**工具**　刮板 1 个，烤纸 1 张

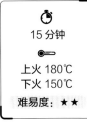

⏱
15 分钟

🌡
上火 180℃
下火 150℃

难易度：★★

**制作步骤 practice**

1. 将低筋面粉、奶粉搅匀，在中间掏一个窝。

2. 加入细砂糖、盐、鸡蛋,在中间搅拌均匀。

3. 加入黄油，和匀，直至形成一个光滑的面团。

4. 取适量面团揉成圆形，在外圈均匀粘上椰蓉。

5. 将面团分割成 9 个小面团后，放入铺有烤纸的烤盘中，轻轻压成饼状，即为饼干生坯。

6. 将烤箱预热至 180 ℃，烤盘放入烤箱里，调至上火 180℃、下火 150℃，烤 15 分钟。

7. 戴上隔热手套将烤盘取出。

8. 待饼干放凉后将其装入盘中即可。

**TIPS**　小面团最好大小一致才能受热均匀。

# 浓咖啡意大利脆饼

⏱ 20 分钟

🌡
上火 180℃
下火 180℃

难易度：★ ★

**原料** 低筋面粉 100 克，杏仁 35 克，鸡蛋 1 个，细砂糖 60 克，黄油 40 克，泡打粉 3 克，咖啡粉 3 克，热水 5 毫升

**工具** 刮板 1 个，油纸 1 张，刀 1 把

**制作步骤 practice**

1. 将低筋面粉倒在案板上，加入泡打粉，搅匀，开窝。

2. 倒入细砂糖和鸡蛋，将鸡蛋搅散。

3. 将热水倒入咖啡粉中，溶解后注入面粉中，加入黄油，慢慢搅拌一会儿，再揉匀。

4. 撒上杏仁，用力地揉一会儿，直至形成光滑的面团，静置一会儿，待用。

5. 取面团，揉成椭圆形，然后切成数个剂子。

6. 在烤盘上铺一张大小合适的油纸，摆上剂子，按压成椭圆形生坯。

7. 将烤箱预热至180℃，放入烤盘。

8. 关好烤箱门，以上、下火180℃的温度烤约20分钟，至熟透。

9. 取出烤盘，将成品摆放在盘中即可。

---

**TIPS** 制作此西饼时，可将杏仁碾碎后再使用，这样成品的口感更好。

**155**

 # 香甜裂纹小饼

15 分钟

上火 170℃
下火 170℃

难易度：★★

**原料** 低筋面粉 110 克，白糖 60 克，橄榄油 40 毫升，蛋黄 1 个，泡打粉 5 克，可可粉 30 克，盐 2 克，酸奶 35 毫升，南瓜子适量

**工具** 刮板 1 个，耐高温烤箱布 1 块

**制作步骤 practice**

1. 将低筋面粉倒入碗中，加入可可粉，再倒在案台上，用刮板开窝。

2. 淋入橄榄油，加入白糖，搅匀。

3. 倒入酸奶，搅拌均匀。

4. 放入泡打粉，加入盐，加入南瓜子、蛋黄，搅拌匀，揉搓成面团。

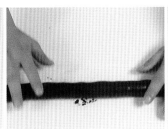

5. 将面团搓成长条状。

6. 再切成数个剂子，揉成圆球状。

7. 在每个面球上均匀地裹上一层低筋面粉。

8. 将生坯放入铺有烤箱布的烤盘中。

9. 将烤盘放进预热至 170℃的烤箱，以上、下火烤 15 分钟至熟即可。

**TIPS** 揉好的面团可以饧一会儿再烤，这样烤出的饼干口感更好。

 **蔓越莓司康**

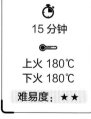

15 分钟

上火 180℃
下火 180℃

难易度：★★

**原料** 黄油 55 克，细砂糖 50 克，高筋面粉 250 克，泡打粉 17 克，牛奶 125 毫升，蔓越莓干适量，低筋面粉 50 克，蛋液适量

**工具** 刮板 1 个，保鲜膜 1 张，刷子 1 把，擀面杖 1 根

**制作步骤 practice**

1. 将高筋面粉、低筋面粉、泡打粉和匀，用刮板开窝。

2. 倒入细砂糖和牛奶，放入黄油，搅拌一会儿。

3. 至材料完全融合在一起，揉成面团、铺开。

4. 放入蔓越莓干，揉搓均匀。

5. 覆上保鲜膜，包好，擀成约1厘米厚的面皮，放入冰箱冷藏半个小时。

6. 取冷藏好的面皮，撕去保鲜膜。

7. 用模具切出6个蔓越莓司康生坯。

8. 放在烤盘中，摆放整齐，刷上一层蛋液，待用。

9. 预热烤箱至180℃，放入烤盘，以上、下火烤约20分钟即成。

**TIPS** 将饼干生坯放入烤盘时，饼干之间的空隙要留大些，以免粘连在一起。

 **丹麦羊角面包**

⏱ 15分钟

🌡 上火 200℃
下火 200℃

难易度：★★★

**原料** 酥皮部分：高筋面粉 170 克，低筋面粉 30 克，细砂糖 50 克，黄油 20 克，奶粉 12 克，盐 3 克，干酵母 5 克，水 88 毫升，鸡蛋 40 克，片状酥油 70 克；馅部分：蜂蜜 40 克，蛋液适量

**工具** 刮板、刷子各 1 个，擀面杖 1 根，油纸 1 张

## 制作步骤 practice

1. 将低筋面粉倒入装有高筋面粉的碗中，拌匀。

2. 倒入奶粉、干酵母、盐，拌匀，倒在案台上，用刮板开窝。

3. 倒入水、细砂糖，搅拌均匀。

4. 放入鸡蛋，拌匀，将材料混合均匀，揉成湿面团。

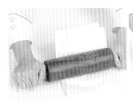

5. 加入黄油，揉成光滑的面团。

6. 用油纸包好片状酥油，用擀面杖将其擀薄，待用。

7. 将面团擀成薄片，制成面皮，放上酥油片。将面皮折叠，把面皮擀平。

8. 先折叠起面皮的1/3，再折叠剩余的部分，放入冰箱，冷藏10分钟，取出，重复刚才的动作两次。

9. 沿对角线将酥皮切成两块三角形的酥皮。

10. 用擀面杖将三角形酥皮擀平、擀薄。分别将擀好的三角形酥皮卷成橄榄状生坯。

11. 放入烤盘中，在表面刷一层蛋液；将烤箱预热至200℃。

12. 将烤盘放入烤箱中，烤15分钟至熟。在烤好的面包上刷上一层蜂蜜。

**TIPS** 可适当缩短烤制时间，将面包取出后刷一层蜂蜜后再烤约2分钟即可，这样蜂蜜味道会更香浓。

 # 抹茶红豆吐司

⏱ 25 分钟

🌡 上火 175℃
下火 200℃

难易度：★★★

**原料** 面团部分：高筋面粉 500 克，黄油 70 克，奶粉 20 克，细砂糖 100 克，盐 5 克，鸡蛋 50 克，水 200 毫升，酵母 8 克；馅部分：熟红豆 100 克，抹茶粉 10 克，白糖 70 克，水 5 毫升

**工具** 刮板、打蛋器、方形模具各 1 个，刷子 1 把，擀面杖 1 根，保鲜膜 1 张

## 制作步骤 practice

1. 将细砂糖、水倒入容器中，搅拌至细砂糖溶化，待用。

2. 把高筋面粉、酵母、奶粉倒在案台上，用刮板开窝。

3. 倒入备好的糖水，将材料混合均匀，并按压成形。

4. 加入鸡蛋，将材料混合均匀后揉匀，制成面团。

5. 将面团稍微拉平，放入黄油，揉匀。

6. 加入适量盐，揉成光滑的面团，用保鲜膜将面团包好，静置10分钟。

7. 取适量面团，压扁，倒上抹茶粉，揉匀制成抹茶面团。

8. 将白糖倒入熟红豆中，加入水，搅匀，制成红豆馅料。

9. 将抹茶面团擀成面饼。

10. 铺上一层拌好的红豆馅，将面饼卷成橄榄状生坯。

11. 将生坯放入刷有黄油的模具中，常温发酵1.5小时至原来两倍大。

12. 将模具放入预热至200℃烤箱中，以上火175℃、下火200℃烤25分钟。

**TIPS** 烤箱可根据自家具体情况适当设置温度。

# 丹麦樱桃面包

⏱ 15 分钟

🌡 上火 200℃
下火 200℃

难易度：★ ★

**原料** 高筋面粉 170 克，低筋面粉 30 克，细砂糖 50 克，黄油 20 克，奶粉 12 克，盐 3 克，干酵母 5 克，水 88 毫升，鸡蛋 40 克，片状酥油 70 克，樱桃适量

**工具** 玻璃碗、刮板各 1 个，圆形模具 2 个，油纸 1 张

## 制作步骤 practice

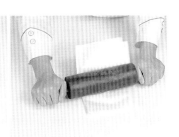

1. 将低筋面粉倒入装有高筋面粉的碗中，拌匀，加入奶粉、干酵母、盐，倒在案台上，用刮板开窝。

2. 倒入水、细砂糖，放入鸡蛋，拌匀，揉搓成湿面团，加入黄油，揉搓成光滑的面团。将面团擀成面皮。

3. 用油纸包好片状酥油，用擀面杖将其擀成薄片，揭去油纸，放在面皮上。将面皮折叠，擀平。

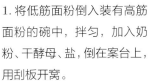

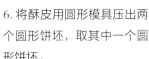

4. 先将 1/3 的面皮折叠，再将剩下的 2/3 折叠起来。将面皮卷放入冰箱，冷藏 10 分钟。

5. 取出面皮卷，继续擀平。将折叠、擀平的动作重复两次，制成酥皮。

6. 将酥皮用圆形模具压出两个圆形饼坯，取其中一个圆形饼坯。

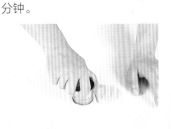

7. 用小一号的圆形模具在圆形饼坯压出一道圈，取下圆圈饼坯，将圆圈饼坯放在圆状饼坯上，制成面包生坯。

8. 烤盘中放入生坯，在生坯环中放入樱桃；将烤箱预热至 200℃。

9. 将烤盘放入预热好的烤箱中，用上、下火烤 15 分钟至熟，取出后，装盘即可。

---

**TIPS** 可依个人喜好，在生坯环中放入少许樱桃果酱，这样吃起来会更可口。

# 浓情布朗尼

**原料**　巧克力液 70 克，黄油 85 克，鸡蛋 1 个，高筋面粉 35 克，核桃碎 35 克，香草粉 2 克，细砂糖适量

**工具**　长柄刮板 1 个，长方形模具 3 个，刷子 1 把，电动搅拌器 1 个

⏱
25 分钟

🌡
上火 190℃
下火 190℃

难易度：★★

**制作步骤 practice**

1. 将细砂糖、黄油倒入容器中，用电动搅拌器搅打均匀。

2. 加入鸡蛋，搅散；撒上香草粉，拌匀；倒入高筋面粉，搅打均匀。

3. 注入巧克力液，拌匀，倒入核桃碎，搅匀，至材料充分融合，待用。

4. 在长方形模具内壁上刷一层黄油。

5. 用刮板盛入拌好的材料，铺平、摊匀，至六分满，即成布朗尼生坯。

6. 将烤箱预热至 190℃，放入布朗尼生坯。

7. 以上、下火烤约 25 分钟，至食材熟透。

8. 取出烤好的成品，放凉后脱模，摆在盘中即可。

**TIPS**　模具内的黄油最好刷得均匀一些，这样脱模时会更方便。

# 香橙吉士蛋糕

⏱ 20 分钟

🌡 上火 160℃
下火 160℃

难易度：★★

**原料** 鸡蛋 150 克，细砂糖 88 克，蛋糕油 10 克，高筋面粉 40 克，低筋面粉 50 克，牛奶 40 毫升，香橙色香油 3 克，色拉油 50 毫升

**工具** 电动搅拌器、长柄刮板、圆形模具各 1 个

**制作步骤 practice**

1. 将细砂糖、鸡蛋倒入备好的容器中，用电动搅拌机搅拌至起泡。

2. 加入高筋面粉、低筋面粉、蛋糕油，拌匀。

3. 一边搅拌一边倒入牛奶，加入色拉油。

4. 加入香橙色香油。

5. 用刮板拌匀，待用。

6. 把拌好的材料倒入蛋糕模具，约六分满即可。

7. 打开烤箱，将烤箱预热至160℃。将模具放入烤箱中。

8. 以上、下火烤约20分钟至熟。

9. 取出模具，略微放凉，取出蛋糕，放入盘中，食用时切片即可。

**TIPS** 从模具中取出蛋糕时，动作要轻、慢，以免弄破蛋糕，影响美观。

 # 香草泡芙

25 分钟

上火 180℃
下火 180℃

难易度：★ ★ ★

**原料** 泡芙：黄油 69 克，牛奶 68 毫升，白糖 3 克，盐 2 克，低筋面粉 70 克，鸡蛋 121 克，水 71 毫升；香草奶油馅：牛奶 268 毫升，蛋黄 38 克，白糖 37 克，玉米淀粉 22 克，香草荚 1 根，淡奶油 200 克

**工具** 刮刀、裱花袋、圆形裱花嘴、打蛋器各 1 个，油纸 1 张

## 制作步骤 practice

1. 将黄油切小块装入锅中，加入 68 毫升牛奶、盐、3 克白糖、水，加热至沸腾，离火，加入过筛的低筋面粉拌匀。

2. 开小火加热，边加热边用橡皮刮刀不断从底部铲起，直到锅底出现一层薄膜时再离火。

3. 待降温后分多次加入鸡蛋液，少量加入，每次搅匀之后再次加入，直至提起刮刀，面糊呈倒三角形状时即可。

4. 将烤箱预热至 180℃，将面糊装入裱花袋，套上圆形裱花嘴，在垫有油纸的烤盘上挤出大小一致的圆形。

5. 放入烤箱中层烤 25 分钟左右后取出。

6. 锅中注入 268 毫升牛奶，放入刮出香草子的香草荚，煮出味道后取出香草荚（煮沸后多煮一分钟）。

7. 在蛋黄中加入 37 克白糖，用打蛋器搅拌，再加入玉米淀粉搅拌均匀。

8. 将香草牛奶倒入步骤图 7 的蛋黄液中，拌匀，再倒回锅中，拌匀后用小火加热，不停搅拌至浓稠状离火。

9. 将淡奶油打发后和牛奶蛋黄糊混合均匀，制成泡芙馅；将烤好的泡芙底部扎小洞，挤入泡芙馅即可。

**TIPS** 挤泡芙的时候，裱花嘴离烤盘的距离要保持一致，泡芙的大小最好保持一致。

# 北海道戚风蛋糕

⏱ 15 分钟

🌡
上火 180℃
下火 160℃

难易度：★★★

**原料** 蛋黄部分：低筋面粉 75 克，泡打粉 2 克，细砂糖 25 克，色拉油 40 毫升，蛋黄 75 克，牛奶 30 毫升；蛋白部分：蛋白 150 克，细砂糖 90 克，塔塔粉 2 克；馅料：鸡蛋 1 个，牛奶 150 毫升，细砂糖 30 克，低筋面粉 10 克，玉米淀粉 7 克，黄油 7 克，鲜奶油 100 克

**工具** 长柄刮板 1 个，搅拌器、电动搅拌器各 1 个，勺子 1 个，剪刀 1 把，裱花袋 1 个，纸杯 6 个

**制作步骤 practice**

1. 将 25 克细砂糖、蛋黄倒入容器中,搅拌均匀。

2. 加入 75 克低筋面粉、泡打粉,拌匀。

3. 缓缓倒入 30 毫升牛奶,拌匀,倒入色拉油,拌匀,制成蛋黄部分,待用。

4. 在容器中加入 90 克细砂糖、蛋白、塔塔粉,搅匀,制成蛋白部分。用刮板刮入蛋黄部分中,拌匀后即为蛋糕浆。

5. 另备一个容器,制作馅料。倒入鸡蛋、30 克细砂糖,打发至起泡。

6. 加入 10 克低筋面粉、玉米淀粉,倒入黄油、鲜奶油、150 毫升牛奶,拌匀制成馅料,待用。

7. 将拌好的蛋糕浆舀入蛋糕纸杯中,约六分满即可。

8. 将蛋糕纸杯放入烤盘中,再将烤盘放入预热至 180℃的烤箱中,以上火 180℃、下火 160℃烤约 15 分钟至熟。

9. 取出烤盘,将馅料装入裱花袋中,压匀后用剪刀把裱花袋的尖端剪去约 1 厘米,把馅料挤在蛋糕表面即可。

**TIPS** 蛋糕坯在放入烤箱之前先静置几分钟,可使蛋糕表面更光滑。

# 玛德琳蛋糕

**原料** 低筋面粉 100 克，黄油 100 克，细砂糖 75 克，牛奶 25 毫升，鸡蛋 2 个，泡打粉 3 克

**工具** 小锅、电动搅拌器、打蛋器、橡皮刮刀、保鲜膜、小勺子或者裱花袋、玛德琳模具各 1 个

⏱ 8分钟

🌡 上火 190℃
下火 190℃

难易度：★★

## 制作步骤 practice

1. 黄油用小锅、小火加热至化开、变焦、带有特殊香味，过滤后冷却待用。

2. 在鸡蛋中加入细砂糖，用电动搅拌器打匀，使颜色变浅、变浓稠。

3. 低筋面粉和泡打粉混合过筛后加入到打发好的蛋液中，用打蛋器搅匀。

4. 加入牛奶，搅拌均匀。

5. 分次加入化黄油后搅拌均匀。

6. 盖上保鲜膜静置或者放冰箱冷藏至少一个小时。

7. 取出后，将面糊用勺子舀入模具中，至八分满（也可用裱花袋挤入模具中）。

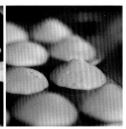

8. 放入预热至 190℃的烤箱中，以上、下火烤 8 分钟至边缘略带金色即可。

**TIPS** 玛德琳蛋糕烘烤成功的标志是蛋糕的表面出现"小肚脐"。

 **蔓 越 莓 蛋 卷**

🕐
20 分钟

🌡
上火 180℃
下火 160℃

难易度：★★★

**原料** 蛋黄 60 克，食用油 30 毫升，低筋面粉 70 克，玉米
淀粉 55 克，细砂糖 140 克，泡打粉、塔塔粉 各 2 克，
水 30 毫升，蛋白 140 克，蔓越莓干、果酱各适量

**工具** 电动搅拌器、打蛋器、刮板、长柄刮板各 1 个，
擀面杖 1 根，抹刀、蛋糕刀各 1 把，烤纸 2 张

**制作步骤 practice**

1. 取一个容器，倒入蛋黄、水、食用油、低筋面粉，搅拌均匀。

2. 加入玉米淀粉、30克细砂糖、泡打粉，用打蛋器拌匀，制成蛋黄部分。

3. 另取一个容器，加入蛋白、110克细砂糖、塔塔粉，用电动搅拌器搅拌均匀，制成蛋白部分。

4. 将拌好的蛋白部分加入到蛋黄部分里，搅拌搅匀。

5. 烤盘上铺上烤纸，均匀地在上面撒上蔓越莓干。

6. 将搅拌好的面糊倒入烤盘，倒至八分满。

7. 将烤盘放入已经预热至180℃的烤箱内。

8. 将上火调为180℃，下火调为160℃，烤20分钟。

9. 戴上隔热手套取出烤盘、放凉。

10. 用刮板将蛋糕和烤盘分离，将蛋糕倒在烤纸上。

11. 将另一端的烘焙纸盖在蛋糕表面，把蛋糕翻一面，在蛋糕表面均匀地抹上果酱。

12. 借助擀面杖将蛋糕卷成卷，去除烤纸，切成蛋糕卷即可。

**TIPS** 撒蔓越莓干的时候最好撒得均匀点，蛋糕会更美观。

# 香草蛋糕

⏱ 18 分钟

🌡 上火 160℃
下火 160℃

难易度：★★★

**原料** 蛋黄部分：蛋黄 4 个，色拉油 40 毫升，细砂糖 20 克，低筋面粉 65 克，纯牛奶 40 毫升，香草粉 5 克；
蛋白部分：蛋白 4 个，细砂糖 60 克，塔塔粉 3 克；
打发鲜奶油 150 克

**工具** 电动搅拌器、搅拌器、长柄刮板各 1 个，剪刀、蛋糕刀各 1 把，擀面杖 1 根，烤纸 2 张

## 制作步骤 practice

1. 将纯牛奶、低筋面粉倒入大碗中，搅拌均匀，倒入色拉油，拌匀。

2. 放入香草粉、20克细砂糖，搅拌均匀，加入蛋黄，快速搅拌均匀，即成蛋黄部分。

3. 将蛋白、60克细砂糖放入大碗中，打发至起泡，加入塔塔粉，继续打发，制成蛋白部分。

4. 将适量蛋白部分倒入装有蛋黄部分的碗中，搅拌均匀，制成面糊，再倒入剩余的蛋白部分，搅拌均匀。

5. 在烤盘上铺一张烤纸，用剪刀剪去烤纸的四角，将面糊倒入烤盘中，抹匀。

6. 把烤箱预热至160℃，将烤盘放入烤箱中。

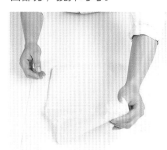

7. 以上、下火烤约18分钟至熟，取出，把烤盘倒扣在另一张烤纸上，撕去烤纸。

8. 倒入打发的鲜奶油，抹匀，借助擀面杖和烤纸将蛋糕卷起，卷成卷。

9. 将烤纸揭下，将蛋糕两端切齐整，再切成两等份即可。

---

**TIPS**　打发蛋白部分时，以打发至干性发泡为佳。

 **巧克力奶油麦芬蛋糕**

**原料** 鸡蛋210克，盐3克，色拉油60毫升，牛奶40
毫升，低筋面粉250克，泡打粉8克，糖粉160克，
可可粉40克，打发植物鲜奶油80克

**工具** 电动搅拌器、裱花袋、长柄刮板、裱花嘴各1个，
蛋糕杯6个，剪刀1把

⏱
**15分钟**

🌡
**上火180℃**
**下火160℃**
**难易度：★★**

**制作步骤 practice**

1. 把鸡蛋倒入碗中，加入糖粉、盐，用电动搅拌器快速搅匀。

2. 加入泡打粉、低筋面粉，搅成糊状。

3. 倒入牛奶，搅匀，加入色拉油，搅拌，搅成纯滑的蛋糕浆。

4. 把蛋糕浆装入裱花袋里，用剪刀剪开一小口。

5. 将植物鲜奶油倒入碗中，加入可可粉，用长柄刮板拌匀。

6. 把可可奶油装入套有裱花嘴的裱花袋里，待用。

7. 将蛋糕杯放在烤盘上，把蛋糕浆挤入蛋糕杯中，装约七分满。

8. 将烤箱上火调至180℃、下火调至160℃，预热5分钟。

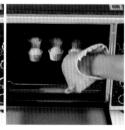

9. 将蛋糕生坯放入烤箱中。

10. 烤约15分钟至熟。

11. 戴上隔热手套，打开烤箱门，取出烤好的蛋糕。

12. 逐个挤上适量可可奶油，装饰后装盘即可。

**TIPS** 烘焙时的温度不可过高，冷却要慢慢进行。温度转变得过快会破坏蛋糕的结构，导致蛋糕开裂。

 **轻乳酪蛋糕**

🕐 40 分钟

🌡 上火 180℃
下火 160℃

难易度：★★

**原料** 奶酪 200 克，牛奶 100 毫升，黄油 60 克，玉米淀粉 20 克，低筋面粉 25 克，蛋黄 75 克，蛋白 75 克，细砂糖 110 克，塔塔粉 3 克

**工具** 长柄刮板 1 个，打蛋器 1 个，椭圆形模具 1 个，电动搅拌器 1 个

**制作步骤 practice**

1. 奶锅置火上，倒入牛奶和黄油，拌匀。

2. 放入奶酪，开小火，拌匀，略煮，至材料完全融合。

3. 关火、待凉后倒入玉米淀粉、低筋面粉和蛋黄，拌匀，制成蛋黄奶油，待用。

4. 取一个容器，倒入蛋白、细砂糖，撒上塔塔粉。

5. 用电动搅拌器快速搅拌一会儿，打发至干性发泡。

6. 倒入备好的蛋黄奶油，拌匀。

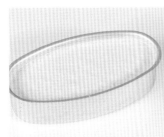

7. 把拌好的材料注入椭圆形模具中，至九分满，即为蛋糕生坯，待用。

8. 在烤盘中注入少量水，将生坯放在烤盘中，再放入已预热至180℃的烤箱中。

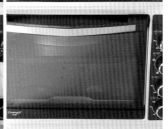

9. 关好烤箱门，以上火180℃、下火160℃的温度烤约40分钟，取出脱模即成。

**TIPS** 煮牛奶时一定要用小火慢煮，不要一直使其沸腾，以免破坏营养成分。

# 瑞士蛋卷

🕐 20 分钟

🌡 上火 190℃
下火 170℃

难易度：★ ★ ★

**原料** 鸡蛋 5 个，色拉油 37 毫升，低筋面粉 125 克，细砂糖 110 克，水 50 毫升，蛋糕油 10 克，蛋黄、果酱各适量

**工具** 电动搅拌器、裱花袋、长柄刮板各 1 个，剪刀、蛋糕刀各 1 把，筷子、擀面杖各 1 根，烤纸 2 张

**制作步骤 practice**

1. 将细砂糖倒入玻璃碗中，加入鸡蛋，打发至起泡，倒入低筋面粉、蛋糕油，打发至体积膨胀为原来的两倍。

2. 加入清水，搅匀，加入色拉油，搅匀，搅拌成纯滑的面浆。

3. 把搅好的面浆倒入垫有烤纸的烤盘中，至八分满，用长柄刮板将面浆抹平。

4. 把蛋黄搅匀后倒入裱花袋里，用剪刀在裱花袋尖角处剪开一个小口。

5. 快速地将蛋黄挤在面浆表面上，再用筷子在面浆表面上轻轻地画上几道竖痕，以在面浆表面上形成波浪花纹。

6. 将烤箱预热至190℃，放入烤盘，用上火190℃、下火170℃烤约20分钟。

7. 取出，脱模，放在案台的烤纸上，撕掉底部的烤纸。

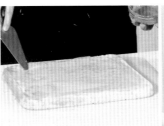

8. 用蛋糕刀在蛋糕皮上均匀地抹上一层果酱。

9. 借助擀面杖从底部将蛋糕皮卷成圆筒状，去掉烤纸，切成小块即可。

**TIPS** 可根据个人喜好，来决定挤在面浆表面上的蛋黄量。

# 🍴 巧克力毛巾卷

**原料** 蛋黄部分A：蛋黄30克，水30毫升，色拉油25毫升，低筋面粉25克，可可粉10克，淀粉5克；蛋黄部分B：蛋黄45克，水65毫升，色拉油55毫升，低筋面粉50克，吉士粉10克，淀粉10克；蛋白部分A：蛋白70克，细砂糖30克，塔塔粉2克；蛋白部分B：蛋白100克，细砂糖30克，塔塔粉2克

**工具** 打蛋器、电动搅拌器、长柄刮板各1个，擀面杖1根，蛋糕刀1把，烤纸3张

⏱ 20分钟

🌡
上火 160℃
下火 160℃

难易度：★★★

**186**

**制作步骤 practice**

1. 将蛋黄部分 A 的原料搅拌均匀。

2. 将蛋白部分 A 的原料打发至干性发泡。

3. 将蛋白部分 A 倒入蛋黄部分 A 中，拌匀，制成可可蛋糕浆。

4. 倒入铺有烤纸的烤盘里，抹匀，再放入预热至 160℃ 烤箱里，以上、下火烤10 分钟。

5. 将蛋黄部分 B 的原料打发均匀。

6. 将蛋白部分 B 的原料打发至干性发泡。

7. 把打发好的蛋白部分 B 混入蛋黄部分 B 里，用长柄刮板搅成蛋糕浆。

8. 将烤好的可可粉蛋糕从烤箱中取出。

9. 烤盘中铺上烤纸，倒上蛋糕浆，用长柄刮板抹匀。

10. 放入烤箱，以上、下火 160℃ 烤 10 分钟至熟，取出。

11. 倒扣在白纸上，撕去粘在蛋糕上的烤纸，将蛋糕翻面。

12. 借助擀面杖将蛋糕卷成卷，轻轻地去除烤纸，再切成段即可。

**TIPS** 可将低筋面粉先过筛，这样做好的蛋糕口感更佳。

 **葡式蛋挞**

🕙 10 分钟

🌡
上火 150℃
下火 160℃

难易度：★ ★

**原料** 牛奶 100 毫升，鲜奶油 100 克，蛋黄 30 克，细砂糖 5 克，炼乳 5 克，吉士粉 3 克，蛋挞皮适量

**工具** 打蛋器、过滤网各 1 个

**制作步骤 practice**

1. 奶锅置于火上，倒入牛奶，加入细砂糖，开小火，加热至细砂糖全部溶化，拌匀。

2. 倒入鲜奶油，煮至溶化，加入炼乳，拌匀。

3. 倒入吉士粉，拌匀。

4. 倒入蛋黄，搅拌均匀，关火待用。

5. 用过滤网将蛋液过滤一次，倒入容器中。再用过滤网将蛋液再过滤一次。

6. 把搅拌好的材料倒入蛋挞皮中，约八分满即可。

7. 将烤箱预热至 160℃，将烤盘放入烤箱中。

8. 以上火 150℃、下火 160℃烤约 10 分钟至熟。

9. 取出烤好的葡式蛋挞，待稍微放凉后即可食用。

---

**TIPS** 煮蛋液的时候要不断搅拌，以免细砂糖糊锅。

 ## 草莓挞

**原料** 卡仕达酱：蛋黄 2 个，牛奶 170 毫升，细砂糖 50 克，低筋面粉 16 克；杏仁馅：奶油 75 克，糖粉 75 克，杏仁粉 75 克，鸡蛋 2 个；挞皮：糖粉 75 克，低筋面粉 225 克，黄油 150 克，鸡蛋 1 个；装饰物：草莓适量

**工具** 蛋挞模具 4 个，打蛋器、裱花嘴、刮板各 1 个

20 分钟

上火 180℃
下火 180℃

难易度：★★

**制作步骤 practice**

1. 将黄油放入碗中，再加入 75 克糖粉，搅拌均匀，打入 1 个鸡蛋，搅拌均匀。

2. 加入 110 克低筋面粉，拌匀，再加入剩下的低筋面粉，拌匀，揉成面团。

3. 在台面上撒适量低筋面粉，将面团搓成长条，分成两半，用刮板切成小剂子。

4. 将小剂子搓圆，沾上适量低筋面粉，再放在蛋挞模具上，沿着边沿按紧。

   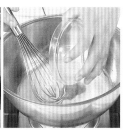

5. 将 2 个鸡蛋打入容器中，加入 75 克糖粉，拌匀，放入奶油、杏仁粉，拌至成糊状，制成杏仁馅。

6. 将拌好的杏仁馅装入蛋挞皮中，至八分满即可，放入烤盘中。

7. 将烤盘放入预热至 180℃的烤箱中，以上、下火 180℃烤 20 分钟至其熟透。

8. 将牛奶煮开，放入细砂糖、蛋黄、低筋面粉，拌匀，煮成糊状，即成卡士达酱。

9. 从烤箱中取出烤好的蛋挞。

10. 去除蛋挞模具，将蛋挞放在盘中。用刮板将卡士达酱装入裱花袋中。

11. 将草莓一分为二，但不切断，装盘待用。

12. 将卡仕达士酱挤在蛋挞上，在上面放上草莓即成。

# 草莓酱曲奇

**原料** 奶油60克，糖粉50克，液态酥油40克，清水40克，低筋面粉170克，吉士粉10克，奶香粉2克，草莓果酱适量

**工具** 电动搅拌器1台，刮板、裱花袋、裱花嘴各1个

⏱
25分钟

🌡
上火160℃
下火160℃

难易度：★★

## 制作步骤 practice

1. 把奶油、糖粉混合均匀，打发至呈奶白色，分次加入液态酥油、清水，搅拌均匀。

2. 加入低筋面粉、吉士粉、奶香粉，打发至无粉粒。

3. 装入裱花带中，套上裱嘴花，在烤盘上挤成大小均匀的饼坯，在饼坯中间挤上草莓果酱。

4. 将烤盘放入预热至160℃的烤箱中，以上、下火烤约25分钟，取出即可。